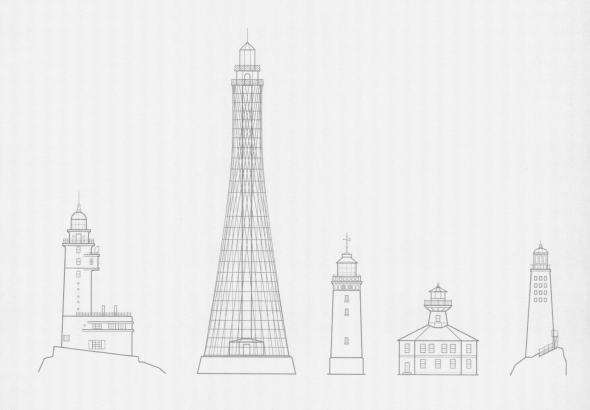

바다 위 낭만적인 보호자

세상 끝 등대

지은이 곤살레스 마시아스González Macías

1973년생. 스페인의 작가이자 그래픽 디자이너, 편집자.

어린 시절부터 지도에 매혹되었던 그는 2020년 직접 수집한 이야기와 제작한 삽화를 시적으로 조합하여 등대들을
향해 떠나는 지도첩 형식의 독특한 이야기집 『세상 끝 등대』를 출간했다. 독립 출판으로 시작된 소슬하고도 아름다운
이 책은 출간 즉시 만 부 이상 팔리는 등 독자와 언론의 주목을 얻으며 전 세계 14개국 번역 출간, 팟캐스트 버전
출간으로 이어졌다. 팟캐스트 버전 『세상 끝 등대』는 스포티파이, 애플뮤직에서 원제를 검색하여 찾아 들을 수 있다.
책에 다뤄진 34개의 등대 중 그가 실제로 방문한 곳은 아직까진 없으며, 앞으로도 없을 예정이다.

바다 위 낭만적인 보호자

세상 끝 등대

Breve Atlas de los Faros del Fin del Mundo

González Macías
곤살레스 마시아스 지음

엄지영 옮김

orangeD

일러두기

1. 맞춤법과 외래어 표기는 가능한 국립국어원의 용례를 따랐다.
2. 주석은 모두 옮긴이 주이다.
3. 단행본과 정기간행물은 『 』, 시와 단편소설, 기사는 「 」, 앨범과 영화, 그림, 전시 등은 〈 〉,
   노래 제목은 ' '로 구분 지어 표기하였다.

목차

세상 끝 등대의 불빛은
고정되어 있었고,
어떤 선장도 그 불빛을 다른 것과
혼동할 걱정이 없었다.
그 주변에는 다른 등대가
하나도 없었기 때문이다.

─쥘 베른,
『세상 끝의 등대』에서

저자 서문

언젠가 가족 식사에서 나는 등대에 관한 책을 쓸 생각이라고 말했다. 그 말을 들은 아버지는 믿을 수 없다는 표정으로 내게 말했다. "등대라고? 하지만 너나 나나 모두 뭍에서 살았잖니." 그건 분명한 사실이다. 나는 이베리아반도 내륙에서 태어났고, 단 몇 해를 제외하면 대부분 바다에서 멀찌감치 떨어진 곳에서 살았다. 그래서 이 책 뒤에 거짓말쟁이가 숨어 웅크리고 있다는 사실을 독자에게 미리 알리는 게 도리일 것 같다. 나는 아주 오래전부터 등대에 끌렸다. 늘 당장이라도 갈리시아나 아스투리아스[1]의 끝까지 달려가 내 눈으로 등대를 보고픈 마음이었다. 어쩌면 이 글을 읽는 독자 여러분들도 이런 충동을 느껴 봤을 것이다. 우선 안타깝게도 나는 이 분야의 전문가가 아니라는 것을 미리 밝힌다.

텍스트, 스케치, 도안, 지도, 이미지… 이런 것들은 매일같이 내 손을 거쳐 가는 친구 같은 존재다. 오래전부터 나는 평범하고 일상적인 자료들로 책을 만들고 싶었다. 예전에 재밌게 읽은 책에서 얻은 아이디어가 내 머릿속을 맴돌았다. 지도와 꿈결 같은 이야기로 가득 차 있는 시적인 지도첩이었는데, 그런 책을 읽을 때면 안락의자에 앉은 채 저 먼 곳으로 나 홀로 여행을 떠날 수 있었다. 하지만 무엇보다 그런 아이디어를 단단히 붙잡고 구체화시킬 수 있는 계기가 필요했다. 외딴 등대에 관한 이 책이 지금 독자 여러분 손에 있다면, 그건 내게 찾아온 몇 번의 우연한 기회 덕분이다. 언젠가 나는 '노스 오브 사우스'[2]라는 밴드의 음반 커버 디자인을 의뢰받았다. 그때 나는 소행성에 세워진 등대의 모습을 문득 떠올렸다. 하늘을 떠다니는 소행성 위 등대가 어두운 우주를 환히 비추고 있는, 꿈같은 이미지였다. 그 밴드의 음반에 딱 어울릴 것 같았다. 그림을 그리기 위해 사전 조사를 하는 동안, 나는 보기 드물게 아름다운 이미지에 시선을 사로잡혔다. 등대에서 뿜어져 나와 주변의 어둠을 몰아내는 한 줄기 빛을 담은 사진이었다. 그렇게 등대를 하나씩 살펴보던 나는 그 아름다움에 그만 넋을 잃고 말았다. 내가 이 책을 쓰게 된 두 번째 계기는 우연히 찾아간 (이것 또한 내 작업과 관련된 것이지만) 호세 루이스 비냐스의 〈제6의 멸종. 지금은 존재하지 않는 생물학적 다양성에 관한 지도책〉[3] 전시회였다. 그건 지구상에서 자취를 감춘 조류종을 다룬 예술 프로젝트였다. 나는 그 프로젝트에 심취한 나머지, 이 같은 기이한 사건을 다룬 자료를 찾기 시작했다. 역사를 깊게 연구하면서 어떤 식으로든 내 걸로 만들었다. 얼마 후 친구들 앞에서 그 얘기를 하다가 깜짝 놀랐다. 내가 조만간 외딴 등대에게 완전히 사로잡히게 될 거라는, 그래서 레이 브래드버리의 단편소설 「안개 고동」—해저 괴물이 등대의 탑에서 나는 소리와 불빛에 이끌려 그것을 껴안으려고 물 위로

[1]
스페인 북서 해안에 위치한 자치주.

[2]
악기 연주자 첸추 노스가 이끄는 스페인 메탈 프로젝트 밴드. 프로그레시브 메탈, 재즈, 팝, 라틴 음악 등 다양한 장르를 다룬다.

[3]
스페인의 시각 예술가 호세 루이스 비냐스가 환경 운동 단체 및 예술가 그룹과 함께 시작한 프로젝트. 2019년 스페인 레온 지방의 '세레살레스 안토니오 이 시니아 재단(FCAYC)'에서 전시회가 열렸다.

올라오는 이야기—의 주인공처럼 변하고 말 것이라는 명백한 신호였다.

이 불가능한 건축물에는 아름다우면서도 거칠고 길들여지지 않은 무언가가 있다. 그들이 서서히 죽어가는 존재들이라는 사실을 우리 모두 직감하고 있기 때문일지도 모른다. 그 불빛은 곧 꺼지고, 건물은 허물어질지도 모른다. 많은 파수꾼들은 어두운 바다를 비추는 본연의 임무를 계속하려 하겠지만, 새로운 해상 통신 기술이 등장하면서 그 기능은 점점 유명무실해지고 있다. 바다를 떠다니는 선박들은 더 이상 등대의 낭만적인 보호를 받을 필요가 없어졌고, 인공위성과 GPS를 통한 내비게이션, 수중 음파 탐지기, 레이더 같은 새로운 길잡이들이 속속 나타나면서 등대가 그동안 수많은 사람들, 특히 이름 없는 이들의 가정이자 일터가 되어주었다는 사실조차 잊었다. 시간이 흐르면서 자동화된 해상 신호기들이 점점 늘어났다. 그중 일부는 원래의 목적에서 벗어나 관광용으로 둔갑해 버렸다. 운이 없는 기계들은 곧장 철거되는 수모를 겪기도 했다. 해상 감시와 선박 보호의 상징이었던 등대지기도 이제 대부분 일터를 떠났다. 비록 이들이 살아온 삶의 방식은 머지않아 사라지겠지만, 그들의 이야기는 영원히 우리 곁에 남을 것이다. 등대가 있던 자리에는 기술적인 것과 영웅적인 것이 하나였던 시대의 언어가 폐허처럼 남게 될 것이다. 외딴 등대라는 장소에서 인간의 운명은 자연의 힘에 좌우되기 때문이다.

따라서 당신의 손에 들려 있는 이것은 단지 등대에 관한 책에 그치지 않는다. 이 책을 통해 인간 조건이라는 거울에 비친 우리 자신의 모습을 보게 될 것이고, 고독 속에서 사는 것에 대해 스스로에게 질문을 던질 것이며, 목숨이 위태로운 상황에서 우리가 타인에게 얼마나 많이 의존하는지 인정하게 될 것이고, 극단적인 상황에서 우리가 맞이할 비참한 현실과 인간의 위대함을 탐구하는 기회를 얻을 것이다. 우리가 주변 사람들에 의해 보호받지 못할 때 느끼는 공허하고 허무한 감정은 누군가에겐 지옥 같을 수도 있다. 반면 찰스 부코스키 같은 이들에게 "고립은 선물이다".

쥘 베른은 19세기 말 파타고니아에서 외롭게 빛나던 작은 등대로부터 영감 받아 『세상 끝의 등대』라는 모험소설을 썼다. 특히나 그는 아르헨티나 땅에 발 한번 디더 보지도 않고(물론 달 표면이나 지구의 중심, 해저에도 가 본 적 없다) 그 섬을 묘사했지만, 매우 탁월한 작품을 만들어 냈다. 나 역시 거의 2년 동안 정보의 바다를 헤쳐 나가면서, 가끔은 증명하기 어려운 이야기들 사이에서 옥석을 가려내고자 애썼다. 이 책 안에 내가 지어낸 이야기는 없다. 여기 쓰인 내용은 모두 이전에 다른 어딘가에서도 쓰인 것들이다. 여기 나온 외딴 등대에 가 본 적은 없지만, 내가 읽은 이야기들 덕분에 마치 다녀온 것처럼 자연스럽게 다룰 수 있었다. 창문에 세차게 부딪치는 태풍과 그 태풍 뒤에 도사리고 있는 고립, 그리고 안개 사이에서 우리를 엿보고 있는 고독을 (현대 기술의 도움으로 편안하게) 나는 느꼈다.

벽에는 거대한 미슐랭 세계 지도가 걸려 있다. 요즘처럼 날씨가 이상한 날에는, 매일같이 멍하니 지도를 쳐다보다가 눈길 가는 대로 아무 데나 따라가곤 한다. 검은 점 옆에 쓰인 글자를 읽거나, 선으로 둘러쳐진 공간을 유심히 관찰하다 보면, 나도 모르는 사이에 상상의 여행을 떠나 눈 깜짝할 사이에 그곳에 가 있게 된다. 내가 지도첩의 형식으로 책을 쓰고자 한 것은 어쩌면 그런 경험 때문인지도 모른다. 다만 지도상에 무한하게 펼쳐진 공간과 달리, 이 책은 간략하고 그 범위가 한정적이다. 그렇게 되기까지 지도 위에 표시된 점들 중에서 어떤 것을 고르고, 어떤 것을 버릴 것인지 결정하기 정말 어려웠다. 나는 감동적인 사연이 담긴, 유명하고 매력적인 등대가 이 책에서 적잖이 빠져 있다는 사실도 잘 알고 있다.

아무쪼록 독자 여러분도 이 책에 실린 이야기와 그림, 항해 지도 들을 통해 저 먼 시간과 장소를 향해 서사시적인 여행을 떠났으면 좋겠다. 더불어, 이 글이 제공할 고립—때로는 을씨년스럽고, 때로는 아늑하기까지 한—으로부터 나처럼 많은 즐거움을 얻기를 바란다.

곤살레스 마시아스
2020년 9월

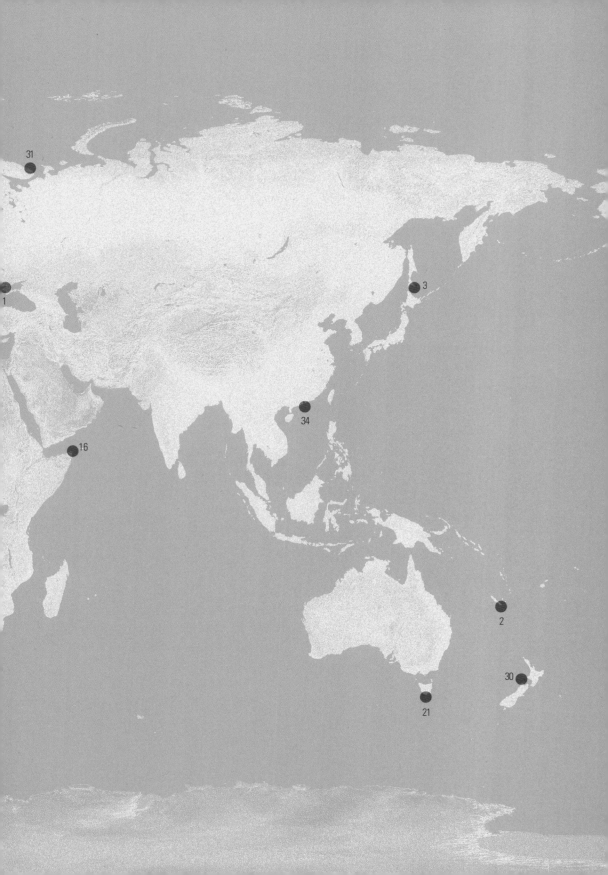

1 아지오골 등대 Adziogol

리발체 부근에서 포장도로가 끝나면, 그 너머로 킨버른섬의 모래사장이 펼쳐진다. 황금빛 모래 언덕과 해안 염습지, 그리고 침엽수림이 형성되어 있어 문명과 동떨어진 곳이다. 오래전 이처럼 광활한 스텝 지대에는 아마존 여전사들이 살았다고 한다. 헤로도토스에 의하면, 그들을 무찌를 수 있는 건 헤라클레스밖에 없었다고 한다.

리발체에서 1.5킬로미터 떨어진 하구, 즉 드네프르강과 흑해가 만나는 곳에 100년도 더 된 건축물이 날씬하고 우아한 자태를 뽐내고 있다. 그곳은 아직도 그 존재가 필요하다. 가을 안개 속에 잠긴 드네프르강을 거슬러 올라 헤르손으로 배를 몰려면, 미로처럼 이어진 충적섬들 사이를 지나 강어귀로 복잡하게 이어지는 수로를 가로질러 가야 한다.

호기심 많은 여행자는 얼마간의 돈과 캔 맥주 몇 개, 그리고 휘발유만 있으면 그 지역 어민에게 부탁해서 등대까지 갈 수도 있을 것이다. 그리고 운이 좋으면 거대한 골조, 붉게 빛나는 철제 망상 구조물 속으로 들어가 좁은 계단을 오를 수도 있을 텐데, 마치 거대한 곤충의 날개를 기어오르는 듯한 기분이 들 것이다. 그 구조물 맨 아래에는 등대지기를 위한 작은 대피소가 마련되어 있다. 파수꾼들은 따뜻한 계절에는 배를 타고, 겨울에는 얼어붙은 바다 위를 걸어 등대로 향한다. 그런데 갑작스러운 기상 악화가 발생하면 몇 주 동안 육지로 못 돌아가는 경우도 있다. 그러다 보니 여기서는 필요 없는 것이 하나도 없다.

블라디미르 슈호프[|]는 우크라이나 여자들이 실로 후스트카[|]를 만들 듯이 정밀하게 선을 그었다. 종이에 그려진 구조 설계 도면을 본다면, 실바람만 불어도 폭삭 무너지겠다는 생각이 들 것이다. 하지만 그가 도면에 그린 선은 세밀하고도 견고한 느낌이 든다. 19세기 말, 그는 최소한의 건축 자재로도 충분히 버틸 수 있는 등탑과 지붕, 특설 건축물과 건물 등을 고안했다. 결국 그는 철망으로 만든 간단한 골격에 생명의 숨길을 불어넣는 데 성공했을 뿐만 아니라, 이를 가볍고 유기적이면서도 시대의 규범에 구속되지 않는 뛰어난 건축물로 승화시켰다.

그는 이와 같은 쌍곡면 구조 설계를 통해 효율성과 단순성, 그리고 고상함까지 하나로 모았다. 1917년 러시아 혁명 후, 소련에서는 소비에트 건축에 구성주의 정신을 주입시키는 데 총력을 기울였다. 슈호프는 러시아 역사에서 가장 탁월한 기술공학자로 인정받고 있다.

아지오골 등대는 원래 고리버들 바구니처럼 엮어 만들어졌기 때문에, 수백 개의 틈을 통해 바람이 잘 통한다.

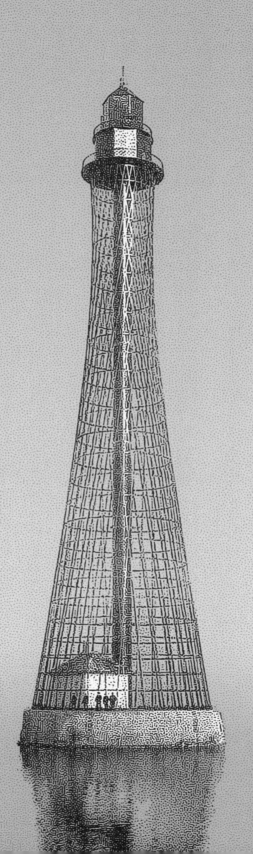

리발체,
헤르손주

우크라이나

아지오골 등대

흑해, 유럽

북위 46도 29분 32초 | 동경 32도 13분 57초

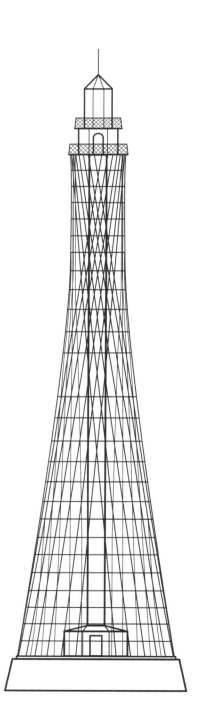

등탑 높이 64m

빛의 초점면

해수면

설계 및 시공 기술자
블라디미르 슈호프

공사 기간
1908~1911년

최초 점등
1911년

현재 가동 중

강철 쌍곡면 탑

등탑 높이
64미터

초점면 높이
67미터

광달거리
19해리

등질(점멸 방식)
부동 백광등[FW]

아지오골 등대는 그 높이에 관해
다양한 기록을 가지고 있다. 이것은
슈호프가 건설한 것들 중에서 가장 높은
단단면(單斷面) 건축 구조물이기도
하다. 또한 우크라이나에서 가장 높고,
세계에서 열아홉 번째로 높은 등대다.
이 책에 나온 등대 중에서는 가장 높다.
만약 아지오골 등대처럼 쌍곡면
구조로 에펠탑을 건설한다면, 지금보다
중량이 세 배 줄어들 것이다.

2   아메데 등대 Amédée

프랑스 브르타뉴 해안에서 40킬로미터 가량 떨어진 곳에 썰물 때만 모습을 드러내는 위험한 로슈-두브르 암초가 있다. 1867년, 바로 그곳에 주철로 만든 거대한 등대가 하나 세워졌다. 그 등대는 브헤아섬과 건지섬 사이의 해역을 비춰 주었지만, 1944년 독일군에 의해 파괴되었다. 불행 중 다행으로, 오래된 로슈-두브르 등대는 지구 반대편에 쌍둥이 형제를 남겨 놓았다.

프랑스 제국은 19세기 중반 뉴칼레도니아섬(누벨칼레도니섬)을 식민지화했다. 그들은 쿡 과 라페루즈 백작 이 이미 탐험한 그 섬에서 교도소—가이아나 교도소보다 덜 악랄한—를 짓기에 적합한 땅을 찾아냈다. 프랑스 정부는 흉악범들과 위세를 떨치던 민중 봉기 정치범들을 그곳으로 옮길 구상을 하고 있었다. 프랑스 의회 의원들은 고래잡이 선원과 박하 상인, 그리고 불법 어획을 하는 어부 들이 자주 드나들던 이 지상 낙원을 지구상에서 가장 깨끗하고 청결한 탓에 교도소 부지로 딱이라고 평가했다.

새로 생긴 누메아시로 들어오는 입구에는 거대한 암초가 버티고 있었다. 시시각각 변하는 파도를 헤치며 수백 개나 되는 작은 무인도 사이를 지나 불라리만 항로를 운항하는 데는 많은 어려움이 따랐다. 라방튀르호와 같은 조난 사고가 늘자 등대가 필요하단 결론에 다다랐다. 아메데섬이 등대 부지로 선정되었지만 정작 등탑은 그곳에서 16,000킬로미터나 떨어진 곳, 스스로 빛의 도시라 칭한 식민지 본국의 수도에서 만들어지기 시작했다.

파리 리골레사 에서 금속 구조물을 만든 뒤, 다시 조각조각 해체해서 해안까지 옮겼다. 그다음 시계 기술자인 앙리르포트 의 공장에서 회전 장치와 오귀스탱 장 프레넬 이 발명한 광학 렌즈를 제작했다. 그 렌즈 덕분에 전 세계의 바다가 빛으로 물들었다.

뉴칼레도니아섬으로 옮겨질 등탑은 1862년 라 빌레트 지구에 세워져 위용을 과시했다. 그해 여름 파리 시민들은 선원들보다 먼저 그 장엄한 모습을 어렴풋이나마 볼 수 있었다. 그로부터 2년 뒤 등탑은 해체되어 모두 1,200개의 상자에 나눠 담겼다. 거의 400톤에 달하는 상자는 바지선을 타고 센강을 따라 내려가 르아브르항에 도착한 뒤, 에밀 페레르호의 어두컴컴한 화물칸에 실려 바다를 건넜다. 결국 빛의 형태를 띤 과학 기술의 진보가 식민지 땅에 도래한 셈이다. 1865년 11월 15일, 아메데 등대는 종교 의식과 군 의장대의 화려한 행사, 그리고 당국자들의 그럴싸한 연설과 더불어 본격적인 활동을 개시했다.

이처럼 빛을 이용한 신호 덕분에 양심수들을 태운 배는 뉴칼레도니아섬에 안전하게 도착할 수 있었다. 혹시 파리를 산책하면서 이 등대를 쳐다보던 어떤 프랑스 시민이 한참 뒤 누메아의 교도소에서 그 불빛을 보았을지 어찌 알겠는가.

1
영국의 탐험가이자 항해사 제임스 쿡을 일컫는다. 태평양을 남쪽 끝에서 북쪽 끝까지 탐험하여 영국의 제국주의 시대를 여는 데 가장 중추적인 역할을 한 인물이다.

2
라페루즈 백작으로 널리 알려진 장 프랑수아드 갈로. 프랑스의 해군 장교이자 탐험가로. 뉴칼레도니아섬 부근에서 좌초되어 행방불명되었다.

3
뉴칼레도니아섬 남서부에 위치한 만.

4
프랑스의 시계 기술자로, 등대에 사용되는 다양한 기계 장치를 발명했다.

5
프랑스의 물리학자로, 등대에 사용되는 집광렌즈인 프레넬 렌즈를 발명한것으로 유명하다.

아메데,
누메아,
뉴칼레도니아섬
프랑스

아메데 등대

산호해, 태평양, 오세아니아

남위 22도 28분 38초 | 동경 166도 28분 05초

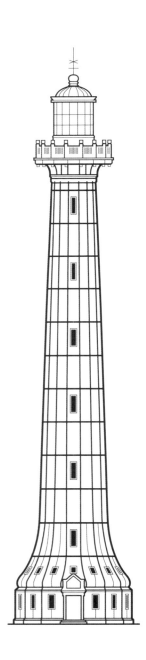

준공
1862년

최초 점등
1865년

자동화 개시
1985년

현재 가동 중

주철 원뿔형 탑

등탑 높이
56미터

초점면 높이
59미터

광달거리
24.5해리

등질
백섬광 15초 2섬광[Fl W 15(2)s]

아메데 등대에서는 편지를 보낼
수도 있다. 내부에 작은 우체국이
설치되어 있을 뿐만 아니라,
등대 전용 우표도 발행되고 있다.

등명기와 난간으로 이어지는
나선 계단은 총 247개의 연철 층계로
이루어져 있다.

3   아니바 등대 ^{Aniva}

과거 항해사들은 칠흑 같은 소련 바다를 띄엄띄엄 떨어져 있는 등대 불빛에 의지해 헤쳐 나가야 했다. 이런 등대를 유지하는 데는 많은 비용이 들어갔지만(에너지 공급이 중단되는 사태도 종종 일어났다), 소련의 지도자들은 등대를 계속 가동하기 위해서 위험한 선택을 할 수밖에 없었다. 냉전 시대 동안 130개가 넘는 소련의 등대는 RTG(방사성 동위 원소 열전기 발전기)에 의해 전력을 공급받았다. 소형 핵발전소와 같은 이 장치는 방사성 물질이 분해될 때 발생하는 열을 이용해 전기를 생산한다. RTG는 인공위성, 우주 탐사선, 무인 원격 시설 등 접근하기 어려워 배터리 교환이 쉽지 않은 곳에서 자주 이용되었다.

좁고 긴 모양의 사할린섬은 17세기 이래로 그곳에 거주하는 일본인과 러시아인, 중국인끼리의 분쟁이 계속되다, 제2차 세계대전이 끝난 후 소련에 합병되었다. 사할린섬의 남서쪽 끝에는 1939년부터 일본 등대 하나가 외롭게 서 있다. 원래 '나카시레토코中知床'라는 이름으로 불린 이 등탑은 일본인 기술자 미우라 시노부가 깎아지른 듯한 아니바곶 바로 앞의 시부차 바위섬에 절묘하게 세운 것으로, 동화에 나오는 성을 연상시킨다. 하지만 일본인이 등대의 불빛을 관리한 것은 채 10년도 되지 않는다. 샌프란시스코 강화 조약이 체결된 직후 섬을 떠나야 했기 때문이다. 등대는 러시아 노동자와 디젤 엔진 발전기 덕분에 40년 더 가동되었다. 결국 크렘린 궁전에서 소련 국기가 내려간 지 5년 후인 1996년, 등대에 RTG가 설치되면서 자동화되었다. 등대지기들이 하룻밤 사이에 등대를 떠나자, 각종 기록부와 장부는 아니바에서 잊힌 채 영원히 침묵하고 있다.

등대가 가동을 중단한 지 벌써 10년이 넘었다. 섬광이 사라지자 바닷새 수천 마리가 등탑을 차지했다. 세월이 흐르면서 등대는 황량한 폐허가 되었다. 칠이 벗겨진 벽, 잔뜩 녹이 슨 철골, 누군가 뜯어 간 낡은 발전기, 깨진 유리창. 아니바는 서서히 바다로 허물어져 내리는 등대다. 가끔 대담한 관광객을 태운 배가 찾아오기도 한다. 그들은 주로 폐허가 된 장소를 찾아다니는데, 이런 활동을 '하이쿄'라고 한다. 바다가 고요하게 잠자는 날이면 폐허 아래에서 셀카를 찍을 수도 있다.

당국은 방사성 동위 원소 열전기 발전기를 안전하게 해체했다고 주장하지만, 한쪽 벽에는 하얀색 손 글씨로 큼지막하게 쓰여 있다. '방사선 위험!'

일본에서 유행하는 서브컬처로, 유령 도시나 폐교, 전쟁의 참화를 겪은 터널 등을 찾아다니는 활동을 말한다. 이를 즐기는 사람들을 '하이쿄마니아(廃墟マニア)'라고 한다.

아니바곶,
사할린주

러시아

아니바 등대

오호츠크해, 태평양, 아시아
북위 46도 01분 07초 | 동경 143도 24분 51초

설계 및 시공 기술자
미우라 시노부

공사 기간
1937 ~ 1939년

최초 점등
1939년

자동화 개시
1990년

가동 중단
2006년

원통형 콘크리트탑

등탑 높이
31미터

초점면 높이
40미터

광달거리
15.2해리

등대가 건설되기 50년 전, 안톤
체호프는 사할린섬으로 추방되었다.
그는 그 섬을 얼어붙은 지옥으로
묘사했다.

40킬로미터 떨어진 곳에 있는
노비코보 마을에서 동력선을 타고
등대로 갈 수도 있다.

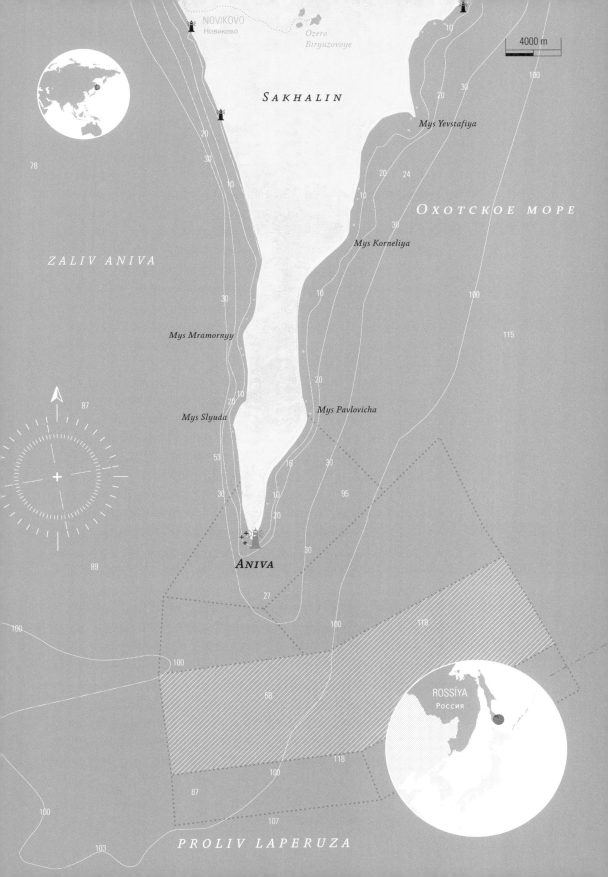

4 벨록 등대 Bell Rock

1

1178년 스코틀랜드
사자왕 윌리엄에 의해 세워진
수도원.

전해 내려오는 이야기에 의하면, 아브로스 수도원[1] 원장은 바닷물 속에 잠겨 보이지 않는, 그래서 위험하기 짝이 없는 인치케이프 암초에 종을 달았다고 한다. 그 덕분에 파도가 치면 종이 울렸고 근처의 선박들은 암초를 피할 수 있었다. 그러던 어느 날, 랄프라는 해적이 그 종을 슬쩍 훔쳐 간 다음 그만 까맣게 잊었다. 몇 년 뒤 랄프의 배는 약탈한 물건을 가득 싣고 돌아오다 바로 그 장소에서 좌초되었다.

해안에서 18킬로미터 떨어진 그 암초에 구멍을 뚫기 위해 60명의 남자들이 파도를 헤치며 나아가고 있다. 멀리서 보면 그들은 마치 북해 위를 걷는 것 같다. 벌써 물이 정강이까지 차오르고 있다. 앞으로 2시간 뒤면 밀물이 들어와 다 쓸려가 버릴 테니까, 서둘러야 한다. 작업이 끝나면 그들은 부근에 정박 중이던 스미턴호와 패로스호로 돌아가 세찬 파도에 이리저리 흔들리며 남은 하루를 보낸다. 가을이 올 때까지 그들은 기초 공사로 암초에 직경 13미터의 구멍을 판 뒤, 잠시 머물거나 다음 작업 때 쓸 각종 자재를 보관할 수 있는 창고를 세웠다. 그 다음 해 여름에는 거기에 주춧돌을 놓고 돌을 하나씩 옮기기 시작한다. 등대를 세우려면 2,500개의 돌을 더 놓아야 한다. 그런데 돌 하나의 무게가 1톤이나 된다. 돌을 세심하게 깎고 다듬은 다음, 이전에 놓은 돌과 딱 들어맞도록 마치 퍼즐을 맞추듯이 쐐기를 이용해 단단히 고정시켜야 했다.

공사는 3년 동안 계속되었고, 그사이 사망 사고가 발생하는가 하면 노동자들이 혹독한 바다 날씨를 견디지 못하고 달아나거나 맥주가 부족해 폭동을 일으키기도 했다. 우여곡절 끝에 1811년 2월 1일 마침내 등대의 불이 켜졌다.

벨록은 대양 위에 세워진 (현존하는) 등대 중에서 가장 오래됐다. 등탑은 이름 없는 이들, 즉 노동자들과 선원들, 그리고 감독관들과 석공들이 공동의 노력으로 이루어 낸 결실이다. 그와 더불어 큰 공헌을 한 두 사람이 있다. 우선 성격이 불같고 오만하기까지 한 청년 로버트 스티븐슨—『보물섬』을 쓴 유명 작가의 할아버지—은 누가 봐도 불가능한 곳에 등대를 세우려는 포부를 갖고 있었다. 그는 기획안을 썼고, 북부 등대 위원회에게 그 타당성과 실현 가능성을 끈질기게 설득했다. 마침내 그는 온갖 위험을 무릅쓰고 가혹한 날씨를 견뎌 내면서 어려운 공사를 끝까지 이끌었다. 한편 수석 기술자인 존 레니는 공사 현장에 상주하지 않고 몇 차례 방문만 했다. 대신 그는 런던 사무실에 앉아, 건물 골조가 스코틀랜드 앞바다의 거센 파도를 견딜 수 있도록 기술적인 해결책을 제시했고 각종 측정이나 계산을 승인했다.

비록 간접적이기는 하지만, 등대 설계도는 어떤 사람과 나무의 우연한 만남에서 태어났다. 벨록 등대는 50년 전 잉글랜드 남부 해안의 초기 에디스톤 등대 설계도를 모델로 삼았다. 그것을 설계한 존 스미턴은 강한 폭풍우에도 구부러지거나 꺾어지지 않고 꼿꼿이 서 있는 오래된 참나무에서 착안해 등대의 설계도를 그렸다고 한다.

인치케이프 암초,
아브로스,
스코틀랜드

영국

벨록 등대

북해, 대서양, 유럽
북위 56도 25분 58초 | 서경 02도 23분 17초

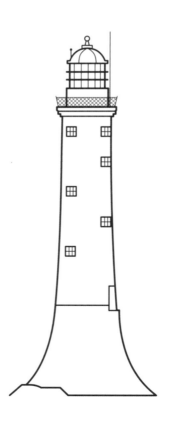

설계 및 시공 기술자
로버트 스티븐슨

공사 기간
1807~1810년

최초 점등
1811년

자동화 개시
1988년

현재 가동 중

원통형 애버딘 화강암 탑

등탑 높이
35.3미터

초점면 높이
28미터

광달거리
18해리

등질
백섬광 15초 1섬광[Fl W 15s]

벨록 등대는 작가이자 영국 BBC
프로듀서인 데버라 캐드버리가
뉴욕 브루클린교, 후버댐, 파나마
운하 등과 함께 꼽은 산업계의
7대 불가사의 중 하나다.

1819년 스티븐슨은 풍경화가인
윌리엄 터너에게 벨록 등대에 관한
작품을 그려 달라고 부탁했다.
〈항구 앞바다의 눈보라〉를 그리기
위해 스스로 배의 돛대에 몸을
묶은 이력이 있는 터너는 등대에
한번도 가 보지 않고 화실에서
작품을 그렸다.

5 부다 등대 Buda

부다섬은 지중해를 따라 천천히 움직이는 섬이다. 이 섬은 앞으로 나아가다가 되돌아가기도 하고, 시간이 흐르면서 줄어들었다가 도로 커지기도 한다. 부다는 진흙으로 이루어진 섬이다. 에브로강[1] 하구에 퇴적물이 계속 쌓이다, 결국 18세기 초 삼각주 바닥에서 태어났다. 면적이 거의 1,500헥타르에 육박할 정도로 커지면서 1950년대 말에 40가구가 쌀농사를 짓기 위해 섬에 정착했다. 오늘날 논의 면적은 계속 늘어가는 반면, 주민들은 거의 떠난 탓에 축제나 성당 미사, 축구 클럽 등은 아예 사라지고 말았다.

등대가 설치되기 전, 선박들은 그곳의 불안정한 모래톱에서 종종 좌초되곤 했다. 잿빛 진흙탕에 갇힌 배들은 빠져나오려고 기를 썼지만 결국 바닥으로 가라앉고 말았다. 그래서 19세기에 에브로 삼각주를 비추기 위해 수를 냈다. 흔들거리는 해안에 나선식 말뚝을 박고, 그 위에 철제 구조물을 묶어 세 개의 등대를 세웠다. 북쪽 끝의 엘팡가르곶과 남쪽 끝의 라 바냐곶, 그리고 동쪽의 부다섬까지 세 곳이다. 이 중에서 가장 밝은 것은 부다섬의 등대다.

마드리드 출신의 건축가 루시오델바예[2]가 꿈꾸던 철제 등대는 버밍엄에 위치한 포터[3]의 공장에서 제작되었다. 완성된 등탑—이런 종류의 등대 중에서 가장 높다—은 영국에서 배로 수송되었고 지중해 해안에는 총 187톤짜리 등대가 우뚝 서게 되었다. 1864년 11월, 등대지기는 등대 꼭대기까지 모두 365개의 계단을 올라가, 올리브유를 연료로 하는 드그랑 오일 램프 심지에 처음 불을 붙였다. 그로부터 거의 반세기 동안 부다의 등대지기들은 반사경을 조절하는 회전 장치의 태엽을 감기 위해 8시간마다 계단을 올랐다.

삼각주가 지나치게 빠른 속도로 커지면 등대 불빛 또한 바다로부터 금세 멀어진다. 등대를 토르토사곶 끝에 설치했음에도 불구하고 20년 동안 퇴적물은 쉼 없이 쌓였다. 그 결과, 등대가 섬 안쪽으로 너무 들어오는 바람에 맨 아래층에서는 파도조차 보이지 않았다. 하지만 1940년경, 바닷물이 급격히 밀려오면서 삼각주가 침식되기 시작했다. 저수지와 수력 발전소, 관개 수로 등으로 인해 에브로강 하구에 있던 수 톤가량의 충적토가 사라지고 말았다. 거기다 폭우까지 쏟아져 강의 수량이 증가하면서 해안선 또한 빠르게 뒤로 물러나기 시작했다. 결국 섬의 면적이 줄어들자 등대는 서서히 바닷속으로 들어가게 되었다.

스페인 내전 동안 공화국 군대[4]가 다이너마이트로 폭파시키려 했지만, 등대는 끄떡도 하지 않았다. 오랜 시간 바닷속에 잠겨 있었지만 시멘트의 부식과 산화도 거뜬히 견뎌 냈다. 하지만 1961년 성탄절 날, 거센 폭풍우가 몰아치자 부다 등대는 더 이상 버티지 못하고 무너져 내렸다. 지금은 토르토사곶 너머에 다른 등대가 불을 밝히고 있다. 옛 등대는 사람들에게 잊힌 채 해안에서 4킬로미터 떨어진 곳에 잠들어, 어지러운 바다 밑바닥을 여전히 비추고 있다.

[1]
스페인 북부 칸타브리아 산맥에서 발원해 내륙을 가로질러 지중해에 도달하는 강으로, 하구에는 유명한 삼각주가 있다.

[2]
스페인에서 가장 탁월한 기술자이자 건축가로, 마드리드 도시화사업에 선구적인 역할을 했다. 마드리드의 상수도체계를 정비하고 에브로삼각주에 등대를 설치한것으로 유명하다.

[3]
존 헨더슨 포터. 영국의 철강 기술자로 스페인 정부 요청에 의해 연철 골조의 부다 등대를 설계·제작했다.

[4]
1936년 프랑코 장군이 이끄는 팔랑헤당이 쿠데타를 일으키면서 스페인 내전이 일어났다. 1939년 파시스트들이 승리하면서 스페인 최초의 민주공화국도 막을 내리게 되었다.

부다섬,
산하이메데엔베이하,
타라고나

스페인

부다 등대

지중해, 유럽
북위 40도 43분 07초 | 동경 00도 54분 55초

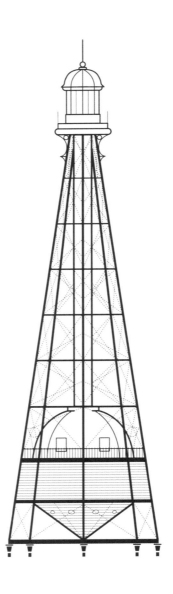

시공 기술자
루시오델바예

준공
1864년

최초 점등
1864년

가동 중단
1961년

원통형 연철 골조탑

등탑 높이
50미터

초점면 높이
53미터

광달거리
20해리

마드리드 공과대학교에는 높이
2.5미터의 부다 등대 모형이
보관되어 있다. 바르셀로나에서
제작된 모형은 다른 7개의 스페인
등대 모형(피니스테레, 코루베도,
헤라클레스의 탑, 팔로스곶,
시사르가스, 아이레섬 등의 등대)과
함께 1867년 파리 세계 박람회에서
선보였다.

카보블랑코,
푸에르토데세아도,
산타크루스

아르헨티나

카보블랑코 등대

대서양, 남아메리카
남위 47도 12분 01초 | 서경 65도 44분 03초

등탑 높이 | 26.7m

빛의 초점면

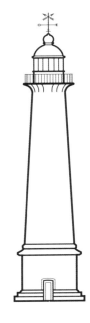

해수면은 이 페이지 아래

공사 기간
1915~1917년

최초 점등
1917년

현재 가동 중

원뿔대형 벽돌탑

등탑 높이
26.7미터

초점면 높이
67미터

광달거리
13.9해리

등질
백섬광 10초 1섬광[Fl W 10s]

카보블랑코 등대는 쥘 베른의
『지구 속 여행』에 등장하지만,
이 소설이 출간된 1864년에
등대는 아직 세워지지 않았다.

등탑을 건설하는 데 사다리꼴
모양의 벽돌이 110,000장이나
들어갔다. 부에노스아이레스
지하철과 라플라타 대성당을
짓는 데도 같은 공장에서 만든
벽돌이 사용되었다.

스페인 마요르카섬의 팔마만 동쪽
끝에도 카보블랑코 등대가 있다.

OCÉANO ATLÁNTICO SUR

CABO BLANCO

Salina de
Cabo Blanco

Banco
Byron

Banco
Ana

Banco
Susana

Punta Guzmán

ARGENTINA

2000 m

7   클리퍼턴 등대 Clipperton

열대 낙원인 클리퍼턴섬—프랑스인들은 '열정의 섬'이라고 부른다—은 그다지 큰 인기를 누리지 못하고 있다. 광대한 태평양 한가운데서 길을 잃은 듯한 그 섬은 암모니아 냄새가 코를 찌르고 허리케인이 자주 몰아치는 데다, 게들이 떼를 지어 해변을 독차지하는가 하면, 인근 바다에는 상어들이 우글거린다. 그 섬에 있는 자그마한 등대는 해상 항법 신호의 역사에서 큰 비중을 차지하지 못했다. 하지만 등대가 목격한 사건들은 절대 쉽게 사라지지 않는 법이다. 이를 증명이라도 하듯 1917년 전함 갑판에서 촬영한 사진이 아직 남아 있는데, 여자 네 명과 어린아이 일곱 명이 찍혀 있다. 그들은 그 섬의 마지막 주민이었다.

1906년경, 멕시코의 군사 파견단과 그 가족들이 섬의 영유권을 주장하기 위해 클리퍼턴섬에 정착했다. 그 섬의 지휘권을 가지게 된 젊은 하사 라몬 아르나우드는 외딴곳이나마 총독의 자리에 오르자 의기양양해졌다. 그런데 멕시코 혁명[1] 발발 직후, 그들에게 보급품을 실어 날라 주던 유일한 배가 반군의 공격에 싹 타버렸다. 그 결과 애타게 기다리던 보급품은 마사틀란[2] 앞바다에 영원히 가라앉고 말았다. 섬에 있던 이들은 이런 사정도 모르고 하늘에 운명을 맡긴 채 심각한 영양실조와 괴혈병으로 고통받아야 했다. 그들은 1년 넘게 클리퍼턴섬에 갇혀 지내야 했다. 그러다 1915년, 미해군 범선이 인근 해역 암초에 부딪쳐 좌초되는 사건이 일어난다. 이에 미 함대는 수병들을 구하기 위해 배 한 척을 보냈는데, 그때 그 섬에 살고 있던 27명의 주민들도 함께 철수시켜 주겠다고 했다. 하지만 아르나우드는 승선을 거부했다. 그뿐 아니라 어떤 멕시코인도 자기 허락 없이는 섬을 떠날 수 없다고 엄포를 놓았다. 주민들은 굶어 죽느냐 미쳐 버리느냐의 갈림길에 서 있었다.

　　9월 어느 날 아침, 아르나우드는 (아마 제정신이 아닌 상태로) 수평선에 떠 있는 배를 바라보더니 갑자기 수비대에게 소리쳤다. "카르도나, 전쟁이다! 로드리게스!" 그는 자기 부하들과 함께 작은 보트를 타고 서둘러 바다로 나갔다. 나머지 사람들은 그들을 태운 배가 저 멀리에서 가라앉는 모습을 하릴없이 지켜볼 수밖에 없었다.

이제 그 섬에는 대부분 여자들과 아이들만 남았다. 남자라고는 무뚝뚝하고 혼자 있기를 좋아하는 등대지기 빅토리아노 알바레스밖에 없다. 광기에 사로잡힌 그는 총기를 가지고 등대에 숨어 들어가 스스로를 클리퍼턴의 왕이라고 선포했다. 그는 공포통치를 펼치며 모든 여성들을 노예화시켜 자신의 성적 욕망을 만족시키도록 강요했다. 누구라도 명령을 거부하는 이가 있으면 당장 처형했다. 그의 통치는 거의 2년 동안 계속되다가, 아르나우드의 부인이었던 알리시아 로비라와 젊은 여성 티르사 란돈에 의해 끝났다. 둘은 합세해 망치와 칼로 등대지기를 죽이는 데 성공했다. 그다음 그들은 수평선에 떠 있는 배에 신호를 보냈다. 그러자 미국의 군함 USS 요크타운호가 곧장 방향을 돌려 섬으로 향했다.

　　클리퍼턴섬은 영원히 무인도로 남게 될 것이다. 등대 발치에는 문드러진 시신 한 구가 게들에게 뒤덮인 채 누워 있다.

1
1910년 프란시스코
인달레시오 마데로가
독재자 포르피리오
디아스에 대항해 봉기를
일으키면서 시작된
무장 투쟁으로. 다양한
사상이 난무하다 결국
1940년에 종식되었다.

2
멕시코 중서부
시날로아주의 주도.

클리퍼턴섬,
프랑스령
폴리네시아

프랑스

클리퍼턴 등대

태평양, 미국

북위 10도 18분 14초 | 서경 109도 13분 04초

시공 기술자
외젠 드미슐롱

준공
1906년

최초 점등
1906년

가동 중단
1917~1935년,
그리고 1938년 이후

원통형 콘크리트탑

등탑 높이
6미터

초점면 높이
12미터

19세기 멕시코와 프랑스는 22년 동안 클리퍼턴섬의 영유권을 둘러싸고 분쟁을 계속해 왔다. 그러다 이탈리아의 국왕 비토리오 에마누엘레 3세가 중재에 나섰고, 프랑스 측에 유리한 판결을 내렸다. 프랑스인들은 그 섬에 자국민을 항구적으로 정착시키기 위해 등대까지 세웠지만, 끝내 아무도 오지 않았다.

1978년 프랑스의 탐험가, 생태학자, 영화제작자 자크 쿠스토는 〈클리퍼턴, 시간이 잊은 섬〉이라는 다큐멘터리를 제작했다. 1917년 철수 작전에서 살아남은 알리시아 로비라가 고향으로 돌아가는 내용을 담고 있다.

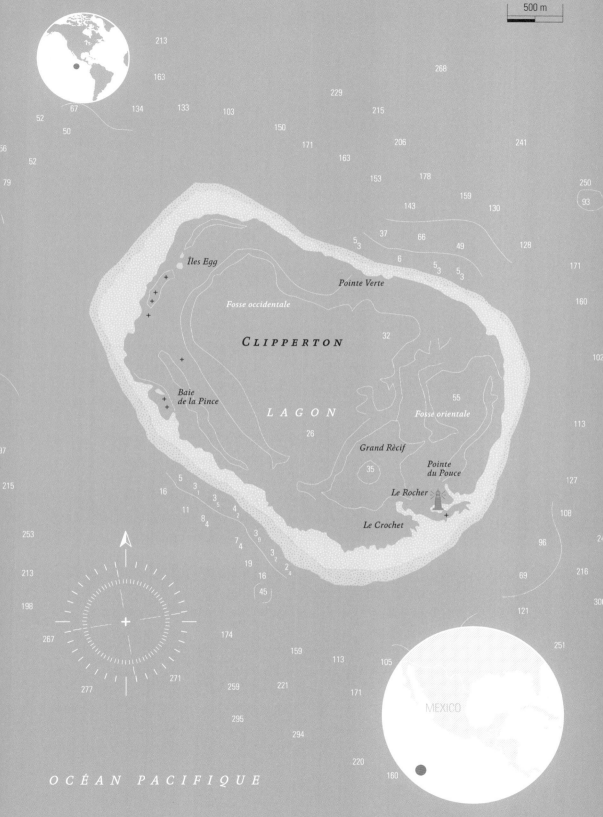

500 m

213

268

163

229

67   215

52   134   133   103   150   206   241

50

66   171   163

52

79   153   178

143   159   130   250

93

37   49

5 3   66   128

6   171

5 3   5 3

Îles Egg   Pointe Verte   160

Fosse occidentale

102

CLIPPERTON   32

55

Baie   LAGON   Fosse orientale

de la Pince   113

26

Grand Rècif

5   35   Pointe

16   3   du Pouce   127

3 1   Le Rocher

11   3 5   4 2   108

8 4

7 4   3 9   Le Crochet   96

19   3 2

16   2 4   69   216

45

253

213

198   174

267   159   251

113   105

277   271   259   221   171   MEXICO

295

294

220

OCÉAN PACIFIQUE   160

8   콜룸브레테스 등대 Columbretes

1
스페인 북동부 발렌시아
지방의 주. 등대가 위치한
섬은 카스테욘주에 속해
있다.

2
뱀들이 우글거리는 것을
보고 놀랐다는 대(大)
플리니우스의 기록이 있을
정도로 콜룸브레테스군도는
고대 그리스 로마 시대부터
잘 알려져 있었다.
콜룸브레테스라는 이름도
뱀을 의미하는 라틴어
콜루베르(Coluber)에서
비롯됐다.

3
오스트리아의 대공이지만
마요르카섬에 정착해서
야생 생물을 연구하는 데
평생을 바쳤다.

카스테욘[1] 해안에서 동쪽으로 50킬로미터 지점, 지중해 바다 위로 무언가가 솟아 있다. 파충류처럼 몸을 비틀고 있는 뿔고둥 모양의 크레이터 잔해다. 예전에는 뱀이 많이 살았다고 해서 뱀들의 섬, 즉 콜룸브레테스, 혹은 콜룸브라리아Columbraria라는 이름이 붙었다.[2] 그 이름만큼이나 눈부시고 야생적이며, 인기척 없이 쓸쓸한 곳이다.

등대가 세워지기 전 그곳은 아무도 살지 않는 무인도였다. 그저 어부와 밀수업자, 그리고 해적들의 임시 대피소 역할만 했다. 지리적 고립과 폭풍우 말고도, 그곳은 또 다른 위험을 안고 있었다. 바로 그 땅을 차지하고 있던 전갈과 뱀들이었다. 등대를 건설하기 위해서는 우선 터를 닦아야 했는데, 사형 선고를 받은 죄수들을 모아 형 집행을 면제해 주는 대가로 작업을 시켰다. 제일 먼저 작업에 투입된 죄수들 대다수가 독사와 전갈에 물려 죽었다. 후임자들은 독을 가진 무리들이 가까이 다가오지 못하도록 주변에 도랑을 파고 석회를 집어넣었다.

1859년, 군도에서 가장 큰 섬인 이야그로사에 마침내 등불이 켜졌다. 그리고 등불이 꺼지지 않도록 관리하는 등대지기와 그 가족들이 섬에 도착했다. 섬에서는 최악의 조건을 견디며 살아야 하는 데다, 혼자 외로이 1년을 꼬박 일해야 교대를 해 줬기 때문에, 달리 갈 근무지가 없는 이들만 갔다. 미래에 대한 두려움을 이겨 내지 못한 이들도 있었다. 마요르카 출신의 한 등대지기는 자신의 다음 근무지가 콜룸브레테스라는 것을 알고 스스로 목숨을 끊기도 했다.

　대부분의 등대지기들은 어려운 여건 속에서 하루하루를 보냈지만, 시간이 흐를수록 섬에서의 생활은 개선되었다. 산에 불을 놓거나 돼지와 닭을 풀어 놓자 독사들은 자취를 감추었다. 또 침대 다리에 물이 가득 든 병을 매달아 놓으면 전갈이 가까이 오지 않았다. 등대 주위에 두어 가구가 모여 살았고, 섬에서는 할 일이 무척이나 많았다. 등불 관리, 증기 발생 장치 수선, 렌즈 청소, 등유 급유, 가을 폭풍우에 의한 피해 복구, 각종 기계 장치 태엽 감기, 감자 재배, 바닷가재 낚시, 빵 반죽, 토끼 사냥, 군 항공기 관찰 및 사격 연습, 닭 모이 주기, 물탱크 수위 확인, 벼랑을 따라 달리기, 실로 전갈 잡기, 몇몇 등대지기와 조난자들이 영면한 공동묘지 방문, 어린아이들 교육, 폭풍우가 몰아칠 때 대피하기, 며칠간 비가 내린 후 섬에 만발하는 하얀 꽃 감상, 열흘에서 보름마다 한 번씩 오는 보급품 수송선 기다리기 등 할 일이 이루 헤아릴 수 없을 만큼 많았다.

　루트비히 살바토르 대공[3]은 등대지기들과 함께 살면서 섬을 연구했다. 1859년 그는 콜룸브레테스군도에 관한 광범위하면서도 세밀한 저서를 출간했다. 책에는 다음과 같이 써 있다. "콜룸브레테스군도의 주민들은, 봄가을마다 쉬려고 왔다가 인근 대륙이나 조금 더 멀리 북쪽으로 날아가는 메추라기와 종달새, 그리고 개똥지빠귀와 산비둘기처럼 즐겁게 산다."

콜룸브레테스 등대

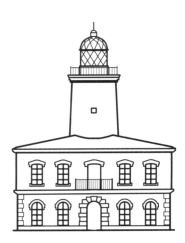

공사 기간
1855~1859년

최초 점등
1859년

자동화 개시
1986년

현재 가동 중

원뿔대형 조적식 석조탑

등탑 높이
20미터

초점면 높이
85미터

광달거리
21해리

등질
백섬광 22초 2섬광[Fl(2) W 22s]

콜룸브레테스군도는 보호
구역이다. 바다 위로 솟아 있는
총 19헥타르 면적의 땅은 자연 보호
구역으로, 인근 5,500헥타르
면적의 바다는 해양 보호 구역으로
지정되어 있다.

〈고립된 사람들, 콜룸브레테스의
기억〉은 파트리시아 곤살레스,
에바 메스트레, 하비 델 세뇨르,
그리고 페르난도 라미아가
공동 제작한 다큐멘터리로,
군도 주민들의 삶을 이야기한다.

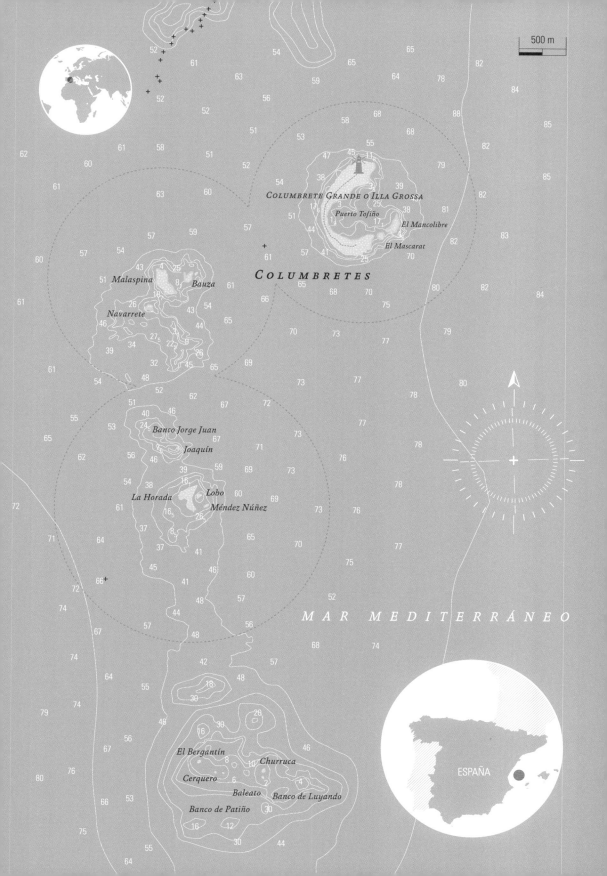

500 m

COLUMBRETE GRANDE O ILLA GROSSA

Puerto Tofiño

El Mancolibre

El Mascarat

COLUMBRETES

Malaspina

Bauza

Navarrete

Banco Jorge Juan

Joaquín

La Horada

Lobo

Méndez Núñez

MAR MEDITERRÁNEO

El Bergantín

Churruca

Cerquero

Baleato

Banco de Luyando

Banco de Patiño

ESPAÑA

9 에디스톤 등대 Eddystone

에디스톤 등대는 폭풍우,
자연재해, 화재 등으로
파괴되는 바람에
모두 네 차례에 걸쳐
재건축되었다. 그중
두 번째는 존 러디어드가
설계하여 흔히 러디어드
등대라고 불린다.

스코틀랜드 국립 박물관에 가면 납작한 타원통형에 무게가 200그램 정도 되는 거무스름한 물체를 볼 수 있다. 그 옆에는 다음과 같은 설명이 있다. "1755년 에디스톤 등대에 화재가 일어난 후, 등대지기의 위 속에서 나온 납덩어리."

12월 2일 밤, 러디어드 등탑의 등명기에 불이 붙었다. 당시 94세였지만 현역 등대지기로 일하던 헨리 홀은 등명기 윗부분에 물을 부어 불을 끄려고 했다. 하지만 납 지붕이 화염에 녹아 흘러내리면서, 상당량의 납이 그의 입속으로 떨어졌다. 그럼에도 불구하고 헨리 홀은 동료들과 함께 불을 끄기 위해 사투를 벌였다. 탈진으로 쓰러지기 직전에 그들은 우뚝 솟은 바위 위로 대피했다. 8시간 후 마침내 구조선이 와서 그들을 육지로 이송했다.

헨리 홀은 12일을 버티다 결국 세상을 떠났다. 그의 시신을 검시한 외과의 에드워드 스프라이는 부검 보고서를 왕립 협회에 제출했다. 하지만 다른 의사들이 그의 말을 믿지 않자, 스프라이 박사는 자신의 명성을 회복하기 위해 온갖 노력을 했다. 그는 목구멍에 녹은 납을 부어 넣어도 죽지 않는다는 것을 증명하려고 개와 새 같은 동물에게 실험을 반복했다.

러디어드 등탑은 끝내 흔적도 없이 파괴되고 말았다. 하지만 그것은 에디스톤 암초에 세워진 첫 번째 등대도, 마지막 등대도 아니었다. 바다에 위치한 세계 최초의 등대 윈스탠리 등탑이 57년 전, 그토록 위험한 장소에 세워졌으니까.

헨리 윈스탠리는 건축과 유압 장치, 자동 기계 장치를 광적으로 좋아하던 괴짜 상인이었다. 자기 배들이 암초에 걸려 좌초되자, 그는 아예 그곳에 등대를 세웠다. 하지만 그 등대는 화려하기만 해서 혹독한 기상 조건을 견디기는커녕 인형의 집을 꾸미기에 딱 알맞아 보였다. 영국해협에 이처럼 세련되고 예쁜 건물 공사를 하고 있는 동안, 윈스탠리는 갑자기 나타난 배에 붙잡혀 프랑스에 포로로 끌려갔다. 다행히 그 소식을 들은 루이 14세가 즉시 그를 풀어 주라고 명령하면서 유명한 말을 남겼다. "프랑스는 영국과 전쟁을 하고 있는 것이지, 인류의 진보와 싸우는 것은 아니다."

윈스탠리는 무사히 에디스톤으로 돌아왔다. 비록 그가 처음 만든 등대는 폭풍우에 무참히 무너졌지만, 그보다 더 아름답고 세련된 두 번째 등탑을 세우는 데 성공했다. 그 등대는 1703년까지 굳건히 버텼다. 어떤 일이 있어도 무너지지 않을 만큼 견고한 등대를 지었다고 자부하던 그는 역사상 가장 강력한 폭풍우가 몰아치는 동안 등대 안에 머무르기를 고집했다. 우연인지 만용인지 모르겠지만, 11월 26일 윈스탠리는 에디스톤에 있었다. 그날 밤, '대폭풍'이라고 알려진 엄청난 사이클론이 영국 해안을 초토화시켰다. 그 결과, 등대는 물론 그 안에 머물고 있던 사람들 모두 바닷속에 가라앉고 말았다.

등탑 높이 21m

등탑 높이 22m

해수면

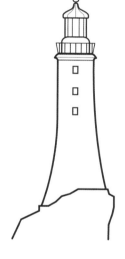

러디어드 등탑

시공 기술자 존 러디어드
준공 1708년
최초 점등 1708년
가동 중단 1755년
등탑 높이 21미터
원뿔형 목재 벽돌 콘크리트 탑

존 러벳 대위는 등대의 설계 및 공사를
모두 러디어드에게 맡겼다.
그리고 에디스톤암의 임대인으로서
등대 불빛의 도움을 받은 모든 선박에게서
1톤당 1실링의 통행료를 받았다.

스미턴 등탑

시공 기술자 존 스미턴
준공 1756년
최초 점등 1759년
가동 중단 1877년
등탑 높이 22미터
원뿔형 화강암탑

이 등대는 등대 구조 설계에 있어서
진일보의 발전을 이룩한 것으로 평가받고
있다. 스미턴의 등대는 해체된 뒤 플리머스
항구에 다시 세워져 탁월한 설계 기술자
존 스미턴을 기리는 기념비가 되었다.

에디스톤 등대

영국해협, 대서양, 유럽

북위 50도 10분 48초 │ 서경 04도 15분 54초

등탑 높이 49m

빛의 도달면

해수면

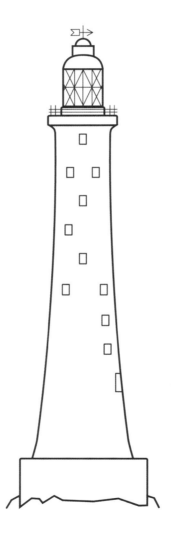

더글러스 등탑

시공 기술자
제임스 더글러스

준공
1879년

최초 점등
1882년

자동화 개시
1982년

원뿔형 화강암탑

등탑 높이
49미터

초점면 높이
41미터

광달거리
22해리

등질
백섬광 10초 2섬광[Fl(2) W 10s]

에디스톤암을 지키는 더글러스
등대는 지금도 가동 중이다.
해체된 스미턴 등대 토대 바로 옆에
위치하고 있다.

1980년, 정비사들의 접근을 위해
등대 옥상에 헬리포트를 만들었다.
1989년부터 태양 에너지로 등대에
전력을 공급하고 있다.

10 엘드리드록 등대 Eldred Rock

알래스카에서 골드러시가 한창일 때, 클라라 네바다호는 폭풍우를 뚫고 린 운하를 항해하고 있었다. 그 배는 귀금속 800파운드와 불법 화물을 창고에 숨긴 채 승객들을 수송하고 있었다. 목적지를 30마일 남겨 두고 클라라 네바다호는 바위에 부딪치면서 선체에 불이 붙는다. 배 안에 숨겨 놓은 다이너마이트 상자가 폭발하면서 화염이 치솟았던 것이다.

공식 조사 보고서에 의하면, 생존자는 없었지만 사고 해역 인근에서 구명선이 발견되었다고 한다. 따라서 선장과 일부 선원들이 조난 사고에서 살아남은 것으로 추정된다. 그로부터 한 세기가 지난 뒤, 사고 현장에서 여러 차례 수중 수색이 이루어졌음에도 불구하고 침몰 선체에서는 단 한 개의 금 조각도 발견되지 않았다.

단순 사고인지 아니면 의도적인 파괴 공작인지 분명하게 밝혀지지 않은 가운데, 미국 의회는 그 사건을 계기로 배들의 무덤이나 다름없던 차가운 무인도, 엘드리드록에 등대를 설치하기로 결정했다.

10년 뒤, 맹렬한 폭풍우가 몰아치는 가운데 유령선 한 척이 엘드리드 북단에 나타났다. 좌초된 클라라 네바다호의 선체가 등대의 불빛 아래 모습을 드러냈다. 배의 잔해가 폭풍우로 인해 잠시 수면 위로 떠올랐던 것이다.

악몽에 시달리다 잠에서 깬 등대지기 닐스 피터 애덤슨은 창가로 걸어가 조수 두 명의 이름을 불렀다고 한다. 온 세상이 꽁꽁 얼어붙은 듯 차가운 새벽, 그의 목소리가 메아리 되어 다시금 그의 귀에 들려오더니 이내 정적이 흘렀다.

그 며칠 전인 1910년 2월 26일, 엘드리드록 등대의 조수인 존 커리와 존 실랜더는 식량을 구하기 위해 배를 타고 13킬로미터 떨어진 포인트 셔먼 등대로 갔다. 해가 뜰 무렵, 그들은 약한 눈발이 내리는 가운데 애덤슨이 기다리는 등대로 출발했다. 하지만 이들은 제때 돌아오지 않았고 애덤슨은 왠지 불길한 예감이 들어 도움을 청했다. 그 소식을 접한 배 몇 척이 실종자들을 찾기 위해 주변을 샅샅이 수색했지만 아무 성과도 거두지 못했다. 그로부터 이틀 뒤, 조수들이 탔던 배가 발견되었으나 사람의 흔적은 찾지 못했다. 애덤슨은 그들이 익사했을지도 모른다는 생각에 견딜 수 없이 괴로웠다. 그는 얼음장같이 차가운 린 운하를 혼자서 한 달 넘게 뒤지고 다녔다. 생각할수록 그들이 사고를 당했을 리 없었다. 그날은 바람 한 점 없었고, 바다도 고요했으니 말이다. 그러니 늦어도 여덟 시 정도에는 도착했어야 했다. 그로부터 일 년 뒤, 등대지기는 결국 사표를 내고 그곳을 떠났다.

엘드리드록,
린 운하,
헤인즈 버러,
알래스카

미국

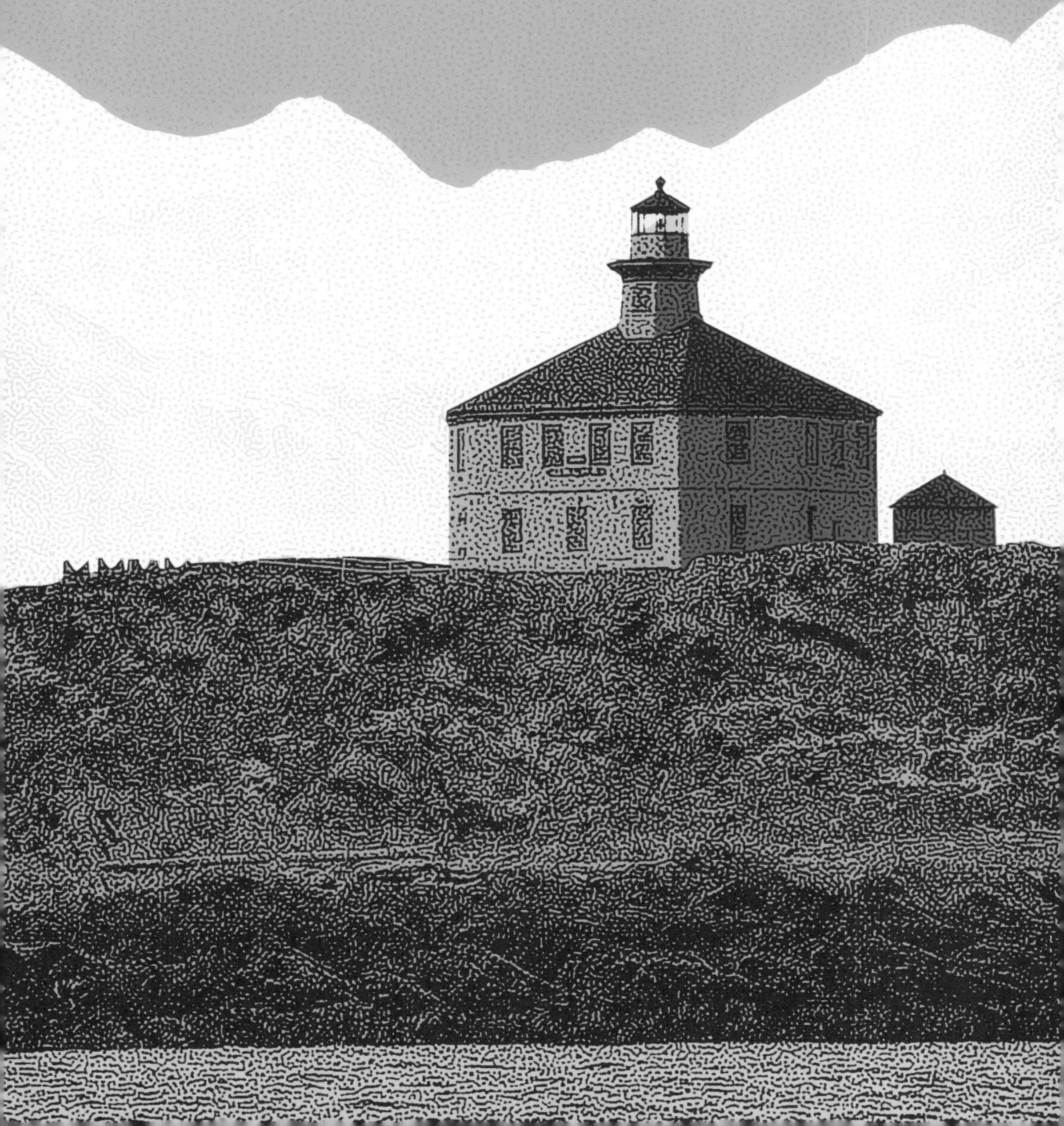

엘드리드록 등대

린 운하, 태평양, 미국
북위 58도 58분 15초 | 서경 135도 13분 13초

준공
1905년

최초 점등
1906년

자동화 개시
1973년

현재 가동 중

팔각형 목제탑

등탑 높이
17미터

초점면 높이
28미터

광달거리
8해리

원래 렌즈
4차 프레넬 렌즈

등질
백섬광 6초 1섬광[Fl W 6s]

1880년 박물학자
마커스 베이커는 자기 아내
세라 엘드리드의 결혼 전
성을 따서 섬에 이름을 붙였다.

다소 손상되기는 했지만,
엘드리드록 등대는 원래 모습을
그대로 보존하고 있는 알래스카
유일의 등대다. 그 등대를 유지하고
복원하기 위해 셸던 박물관은
엘드리드록 등대 보존 협회를
창설했다.

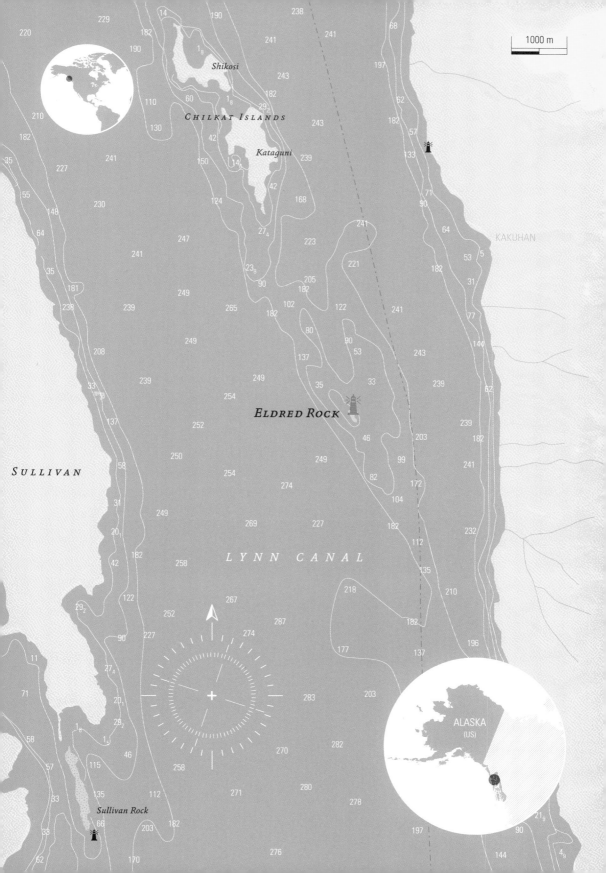

11 에반헬리스타스 등대 Evangelistas

1892년, 스코틀랜드의 기술자 조지 슬라이트는 아주 까다로운 도전 과제를 안고 에든버러를 떠나 지구 반대편으로 향하고 있었다. 그는 칠레 정부의 의뢰로 마젤란해협의 서쪽 입구에 등대를 세울 예정이었다. 태평양 해안을 따라 항해하던 그는 등대 부지로 선정된 가파른 바위섬들을 마주하게 되었다.

"성난 파도 한가운데 우뚝 솟은 거무스름한 바위는 험하고 황량했다. 이런 곳이라고 상상하지 못했던 나는 폭풍우가 몰아치는 바위섬 앞에서 압도당했다. 수평선에 희미한 빛이 비치는 가운데, 거대한 파도가 바위섬의 서쪽 부분에 강하게 부딪치며 하얗게 부서졌다. 그건 누구도 쉽사리 상상하기 어려운 광경이었다."

슬라이트는 칠레를 결코 떠나지 않았다. 이 나라에 머물며 모두 70개 이상의 등대 건설을 지휘했다. 그가 만든 등대 중 최초로 불을 밝힌 것이 바로 에반헬리스타스 등대다. 그가 을씨년스러운 바위섬을 맞닥뜨린 지 3년 뒤의 일이었다.

1913년 봄. 막연히 기다리면서 보낸 몇 주 동안, 시간은 더디게만 흘러갔다. 칠레 해군 소속의 해안 경비선 라엘초호는 에반헬리스타스섬에서 그리 멀지 않은 안전한 곳에 정박하고 있었다. 등대에 식량과 각종 자재를 안전하게 보급할 수 있도록 바다의 기상이 좋아지기만을 기다리는 중이었다. 40일 이상을 기다린 끝에 배는 마침내 섬에 도착할 수 있었다. 4개월이나 고립되면서 섬의 식량이 바닥나는 바람에 등대지기들은 살기 위해 해조류를 따서 배를 채워야만 했다. 라엘초호는 기나긴 고립으로 인해 병세가 악화되어 사망한 등대지기 알프레도 시야르드의 시신을 싣고 귀환했다. 라엘초호는 등대지기의 시신을 땅에 묻어 주기 위해 콰렌타디아스섬(쓸쓸하면서도 위험한 곳이다) 부근의 작은 만으로 돌아갔다. 임시로 만든 묘지는 시간이 흐르며 예배 장소로 변했다. 그 뒤로도 가끔 라엘초호는 등대에 접근할 만한 기상 조건이 될 때까지 그곳에 닻을 내린 채 머물러야 했다. 그사이 선원들은 등대지기의 영혼이 폭풍우 속에서 자신들을 지켜 주기를 바라면서 그의 무덤에 촛불을 밝혔다.

몇몇 등대지기들은 시야르드의 혼령이 등대 안을 떠도는 느낌을 받았다고 털어놓았다.

1950년대 칠레를 대표하는 시인이다.

이 이야기는 롤란도 카르데나스 같은 칠레 작가들에게 많은 영감을 주었다. 그의 시 「에반헬리스타스 등대의 유령」은 이렇게 시작한다. "해안의 불빛 저 멀리 / 지구에서 가장 외딴곳에 버티고 서 있는 등대는 / 마치 바다 위로 솟아오른 네 개의 그림자 같다 / 군도 저 너머에는 오로지 시간만 흐르고 있다 / 시간은 속절없이 텅 비어 버린 수평선에서 / 바람으로 변해 요란한 소리와 함께 / 쉴 새 없이 부서지는 물에 / 끈질기게 달라붙는다"

시야르드 유령이 있든 없든, 에반헬리스타스 등대에는 여전히 사람이 살고 있다.

에반헬리스타스섬,
나탈레스,
울티마에스페란사주

칠레

에반헬리스타스 등대

태평양, 남아메리카
남위 52도 23분 10초 | 서경 75도 05분 45초

시공 기술자
조지 슬라이트

준공
1895년

최초 점등
1896년

현재 가동 중

등탑 높이
13미터

초점면 높이
58미터

광달거리
30해리

등질
백섬광 10초 1섬광[Fl W 10s]

1520년 11월 28일 페르디난드 마젤란이 이끄는 세 척의 배가 끝없이 펼쳐진 바다로 들어가는 순간, 깎아지른 바위섬들이 눈에 띄었다. 유럽인들이 남태평양을 처음으로 항해하는 순간이었다. 1618년 가르시아 노달이 제작한 지도에 이 섬들은 '로스 에반헬리스타스(Los Evangelistas)'라고 명명되어 있다.

2019년 8월, 칠레 해군의 정보통신 하사 다니엘라 오르티스는 여성으로서는 최초로 에반헬리스타 등대지기가 되었다.

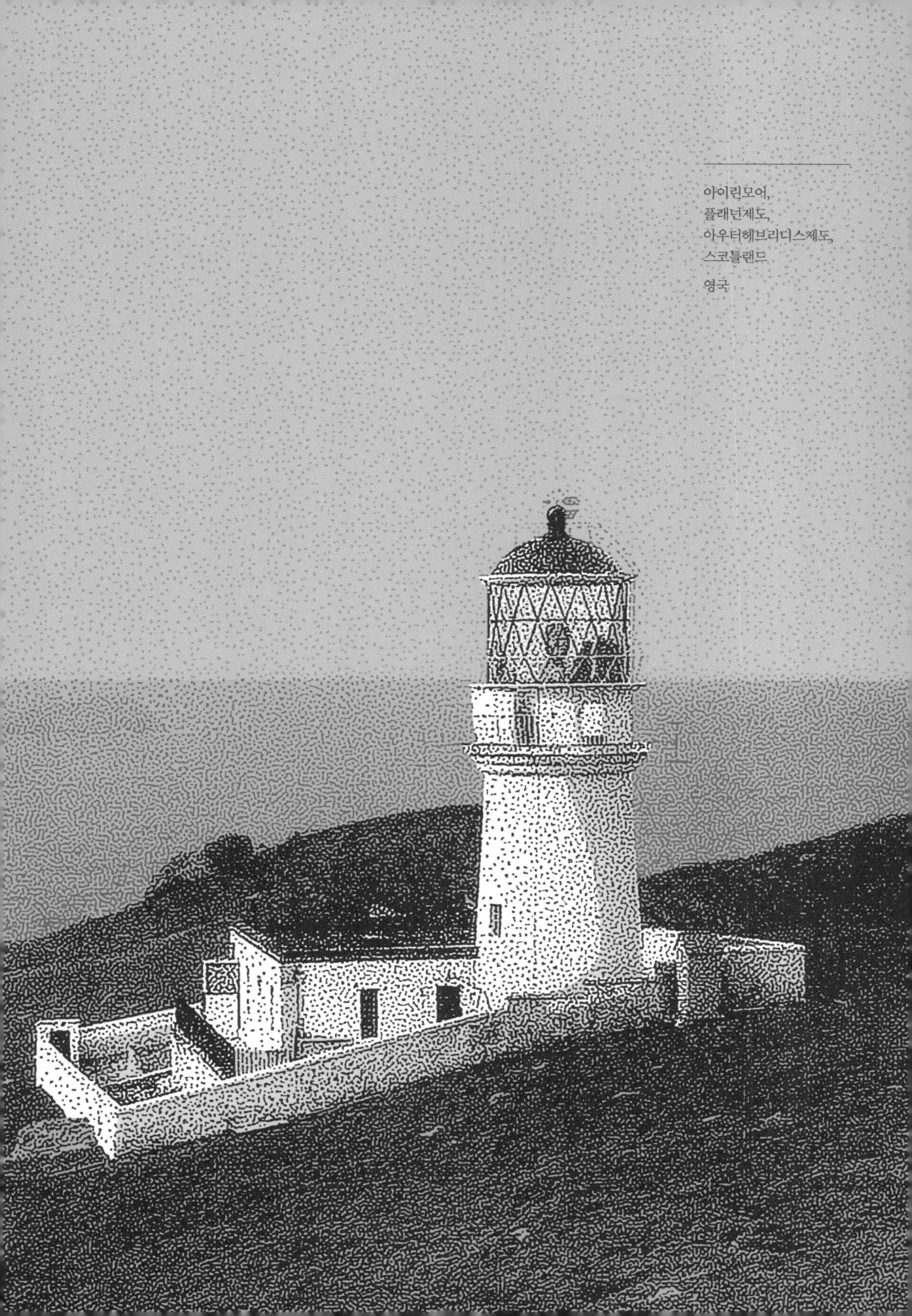

아이린모어,
플래넌제도,
아우터헤브리디스제도,
스코틀랜드

영국

플래넌제도 등대

대서양, 유럽
북위 58도 17분 18초 | 서경 07도 35분 16초

시공 기술자
앨런 스티븐슨

공사 기간
1895~1899년

최초 점등
1899년

자동화 개시
1971년

현재 가동 중

원통형 조적식 석조탑

등탑 높이
23미터

초점면 높이
101미터

광달거리
20해리

현재 렌즈
3차 프레넬 렌즈

등질
백섬광 30초 2섬광[Fl(2) W 30s]

플래넌제도 등대지기들의
불가사의한 실종 사건은 수많은
추측(초자연적인 가설도 포함한)을
낳았을 뿐 아니라, 문학과 음악,
영화 등 다양한 픽션의 바탕이 되었다.
유명 록밴드 제네시스는
'플래넌섬 등대의 미스터리'라는
곡에서 이 이야기를 노래했다.
그리고 2018년 크리스토퍼 니홀름
감독이 제작한 서스펜스 영화
〈실종〉 또한 이 사건이 중심이다.
이 영화는 스코틀랜드의 등대
네 곳에서 촬영되었지만,
아이린모어의 등대는 한 번도
등장하지 않는다.

ATLANTIC OCEAN

500 m

EILEAN MÒR

FLANNAN ISLES
(SEVEN HUNTERS)

Roaiream

Eilean
a'Ghobha

Bròna
Cleit

Gealtir-Beg

Eilean Tighe

Soraigh

UNITED
KINGDOM

13   거드리비 등대 Godrevy

어디선가 말이 거침없이 샘솟아 나오는 것처럼 버지니아 울프는 『등대로』를 써 내려간다. 그 작품에서는 어떤 사건도 일어나지 않은 채, 어느 가족이 등대로 떠나기로 한 여행을 차일피일 미룬다. 『타임』에 의해 20세기 최고의 영국 소설로 평가받은 『등대로』는 작가 자신의 경험에서 영감을 받은 작품이다. 어린 시절, 버지니아는 콘월 해변의 어느 집에서 가족과 함께 여름을 보내곤 했다. 해변을 산책할 때면, 세인트이브스만의 깎아지른 듯한 섬 위의 등대가 희미하게 보였다. 오랜 세월이 지난 후에도 작가의 뇌리에서 떠나지 않은 등대의 모습은 그녀의 작품 세계에 큰 영향을 미쳤다. 물론 그녀의 소설은 그곳에서 멀리 떨어진 곳에서 전개되지만 말이다.

"“비가 올 거야.” 그는 아버지의 말을 상기했다. “아무래도 등대에는 못 갈 거다.”
　　그 무렵 등대는 짙은 안개에 휩싸여 은빛으로 반짝이는 탑처럼 보이다가도, 어둠이 깔리기 시작하면 별안간 노란 눈을 부릅떴다.”

등대로 가려는 계획이 끝없이 미루어지는 일은 단지 소설에서만 일어나는 게 아니다. 등대로 처음 부임하거나 교대하는 등대지기들이 기상 악화로 출발이 지연되는 경우가 허다했다. 1925년 말, 버지니아 울프가 런던에서 무엇에 홀린 듯 작품을 써 내려가는 동안, 거드리비 등대지기의 조수인 W. J. 루이스는 등대에 홀로 남아 있었다. 그의 동료가 폐렴 증세로 인해 육지로 이송되었기 때문이다.
　　그 후 여드레 동안 루이스는 거드리비섬에 고립된 채, 거센 폭풍우가 잠잠해지고 동료를 대신할 등대지기를 태운 배가 도착하기만을 기다린다. 등대의 불을 밝히고 안개 경고 종을 치느라 잠시도 쉴 틈이 없었다. 버지니아 울프가 인물들 사이의 대화가 거의 없는 소설을 썼다면, 루이스는 아무나 붙잡고 이야기를 나누고 싶은 간절한 바람을 일기에 담았다. 54시간 동안 쉬지 않고 바다를 감시하고 나면, 한두 시간만이라도 안 자고는 배길 수가 없었다. 그러고 나면 다음 날 밤에는 두려움이 깨끗이 사라졌지만, 동료의 빈자리가, 그리고 주변에 아무도 없다는 사실이 그를 짓누르기 시작했다. 무엇보다 이야기를 나눌 사람이 필요했다. 믿기 어렵게도, 일주일 동안 단 한마디 말도 하지 않고, 노래 한 가락도 부르지 않았다.

자신의 등대에 갇혀 있던 두 사람은 고독과 외로움으로 인해 몸과 마음이 피폐해질 대로 피폐해졌다. 그래서 그들은 마음속에 웅크리고 있던 악마를 몰아내기 위해 글을 쓰기 시작했다. 루이스는 당시의 끔찍한 경험을 기록한 『뜬눈으로 보낸 나날들』을 펴냈다. 반면 버지니아 울프는 세상, 그리고 타인과 소통할 수 없는 고통에서 벗어나도록 자신을 이끌어 줄 빛을 끝내 찾지 못했다. 그녀의 시신은 결국 우즈강의 차가운 물속에서 발견되었다. 외투 주머니에 돌멩이를 가득 채운 채.

거드리비섬,
캠본,
콘월주
영국,

거드리비 등대

켈트해, 대서양, 유럽
북위 50도 14분 33초 | 서경 05도 24분 01초

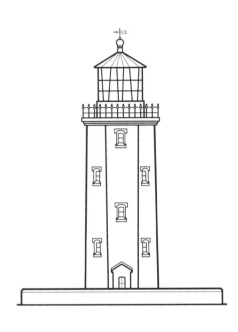

준공
1859년

최초 점등
1859년

자동화 개시
2012년

현재 가동 중

석조 및 회반죽 탑

등탑 높이
26미터

초점면 높이
37미터

광달거리
8해리

현재 렌즈
2차 프레넬 렌즈

등질
섬백적광 10초 1섬광[Fl WR 10s]

1892년 9월 12일, 당시
열 살이던 버지니아 울프는
거드리비 등대를 찾아 방명록에
이름을 남겼다. 그로부터
120년이 지난 후, 그 방명록은
본햄스 경매에서 만 파운드가
넘는 가격에 낙찰되었다.

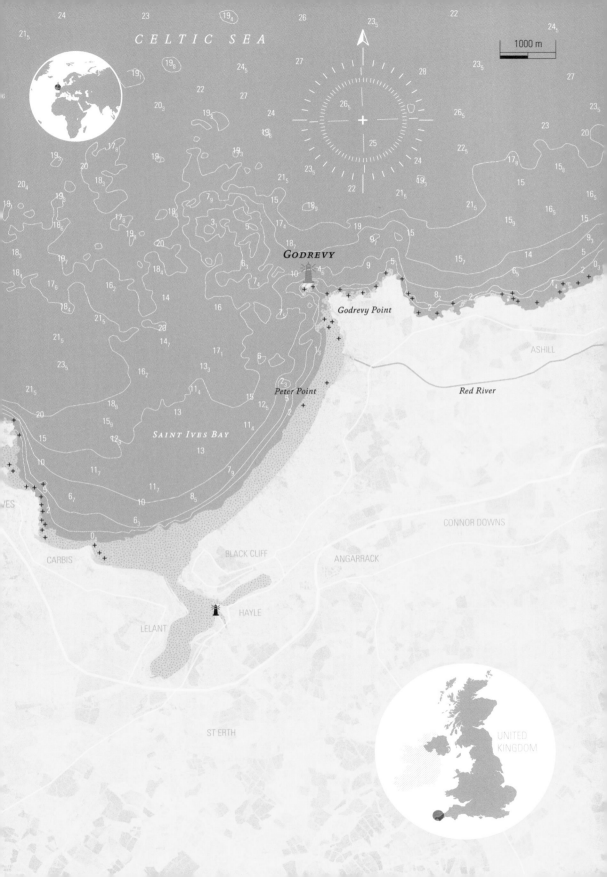

CELTIC SEA

Godrevy

Godrevy Point

Red River

ASHILL

Peter Point

SAINT IVES BAY

IVES

CARBIS

BLACK CLIFF

ANGARRACK

CONNOR DOWNS

HAYLE

LELANT

ST ERTH

UNITED KINGDOM

1000 m

14 그레이트아이작케이 등대 Great Isaac Cay

버뮤다 삼각지대에 얽힌 이야기는 상상의 산물인지도 모른다. 하지만 버뮤다의 전설을 믿는 이들은 대서양 바다 위 버뮤다제도와 푸에르토리코, 마이애미를 세 꼭짓점으로 도형을 그린다. 그들은 불가사의한 실종 사건의 원인을 그 지역에서 찾고 있으며, 그곳에서 수십 척의 비행기와 선박들이 연기처럼 사라졌다고 주장한다.

비미니군도 북동쪽에는 날카로운 산호로 이루어진 작은 암초가 하나 있다. 그 섬은 구아노로 뒤덮인 쓸모없는 땅이지만, 그곳에 우뚝 솟은 강철 등대는 당당한 모습으로 바다를 굽어보고 있다. 현지 주민들에 의하면, 바로 그곳에서 여러 가지 일이 일어난다고 한다. 그곳을 지나던 배들이 갑자기 침몰하는 것도 불가해한 원인이 작용한 탓일 수 있지만, 서로 다른 해류들이 그 주변에서 만나서 그런 건지도 모른다. 실제로 그레이트바하마뱅크의 해류와 플로리다해협과 프로비던스 북서쪽 운하의 해류가 수중 포식자 무리처럼 함께 도사리고 있다.

바닷새의 똥이 퇴적된 것으로 비료로 쓰인다. 주로 페루와 칠레의 북쪽 연안과 여러 섬에 산재하고 있다.

　　따라서 마의 삼각지대 서쪽 끝에 자리 잡고 있는 등대에선 유령 이야기가 쏟아질 수밖에 없다. 그중에서도 가장 널리 알려진 회색 여인 이야기는 달빛 아래서 들리는 이상한 소리와 연관이 있다. 전해 오는 이야기에 따르면, 19세기 말 배 한 척이 그레이트아이작섬 부근에 좌초되어 탑승자 전원이 사망했다. 그런데 놀랍게도 한 아기가 살아남았다. 그때 이후로 보름달이 뜨는 밤이면 아기 어머니의 애절한 울음소리가 섬 전체에 울려 퍼진다고 한다.

　　수상쩍은 유령들이 어둠 깔린 산호 사이를 돌아다니는 것 말고, 실제로 일어났지만 아직 진상이 밝혀지지 않은 사건도 있다. 1969년 8월 4일, 근무 중이던 등대지기들이 흔적도 없이 사라져 버렸다. 등대 램프의 이상 징후가 포착된 데다 반복된 무선 호출에도 아무런 응답이 없자, 비미니군도에서 구조대가 급파되었다. 섬에 도착하자마자 조사한 바로는 대부분 정상이었다. 각종 집기와 식량 등은 제자리에 있었다. 그렇지만 등대는 인기척 하나 없이 고요했고, 등대지기들의 행방 또한 오리무중이었다.

불가사의한 그 사건은 어쩌면 마약 밀매나 무기 밀수와 관련이 있는지 모른다. 아니면 8월 2일과 3일 사이 열대성 폭풍 안나가 섬을 스쳐 지나가는 바람에, 등대지기들이 모두 바람에 날아갔을지도 모른다. 그도 아니면 외계인에 의한 납치라든가 버뮤다 삼각지대의 저주받은 꼭짓점과 관련이 있을 수도 있다.

　　미스터리가 밝혀지든 아니든, 등대를 지키려는 사람은 없을 것이다. 등대는 바다를 떠도는 유령선의 돛대처럼 암초 위에 꿋꿋하게 서 있겠지만, 등대지기들이 살던 관사는 텅 빈 채 천천히 허물어져 가고 있다.

그레이트아이작섬,
비미니군도

바하마

그레이트아이작케이 등대

플로리다해협, 대서양, 미국
북위 26도 02분 41초 | 서경 79도 05분 22초

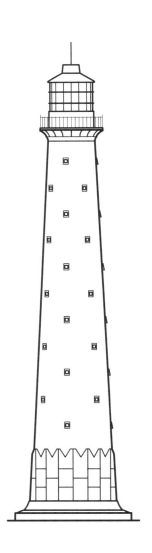

준공
1852년

최초 점등
1859년

자동화 개시
1969년

가동 중단
2000~2009년

원통형 주철탑

등탑 높이
46미터

초점면 높이
54미터

광달거리
23해리

등질
백섬광 15초 1섬광[Fl W 15s]

그레이트아이작케이 등대에
불이 밝혀지기 7년 전,
등대는 1851년 만국 박람회에
전시되었다.

비미니군도에서 배를 타고
그 섬에 갈 수 있지만, 등대의
문이 닫혀 있어서 안으로
들어갈 수는 없다.

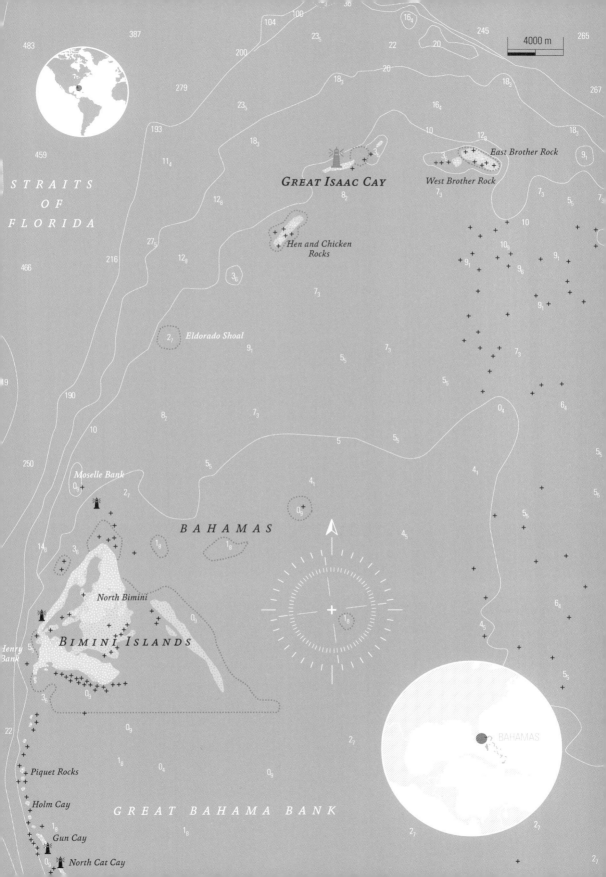

15 그립 등대 ^{Grip}

세상을 떠나기 몇 달 전 에드거 앨런 포는 자신의 마지막 작품을 쓰고 있었다. 미완성으로 끝난 이 이야기에는 원래 제목이 없었지만, 「등대」로 역사에 남게 된다. 일기 형식으로 쓰인 이 작품에는 세 편의 글만 남아 있다. 다음과 같이 시작된다. "1796년 1월 1일. 등대에서 보낸 첫날, 데 그레트와 약속한 대로 일기를 쓰기 시작한다. 최대한 규칙적으로 쓰려고 노력하겠지만, 나처럼 외로운 사람에게 무슨 일이 닥칠지 누가 알겠는가. 병이 들 수도 있고, 그보다 훨씬 더 안 좋은 일이 일어날지도 모른다…. 하지만 지금까지는 모든 것이 순조롭다! 우리가 탄 돛단배는 가까스로 위기를 모면했다. 이렇게 멀쩡하게 살아 있는데 새삼 그 일을 떠올린들 무슨 소용이 있겠는가? 아무튼 살면서 처음 홀로 지내게 된다는 생각이 들자, 다시 힘이 나기 시작한다…."

작품은 노르웨이의 어느 외딴섬에서 전개된다. 물론 등대와 그 위치는 실제 장소와 일치하지 않는다. 하지만 포가 세상을 떠나고 40년이 흘러, 노르웨이의 섬에 등대가 세워졌다. 어떤 면에서 그 등대는 작가의 상상력에서 솟아난 것인지도 모른다.

크리스티안순 해안에는 작은 섬들이 마치 별자리처럼 여기저기 흩어져 있다. 그중 사람이 살지 않는 어느 섬을 찾아가면 15세기에 지어진 목조 교회를 구경할 수 있고, 또 어부 마을의 울긋불긋한 집들 사이로 산책을 할 수도 있다. 거기서 북쪽으로 고개를 돌리면 헐벗은 바위 위 웅장한 등대가 어렴풋이 보인다. 노르웨이에서 두 번째로 높은 등대다.

"이 작업에 참여하려면 강철같이 강한 정신력이 필요하다." 그립의 등대지기를 모집하는 신문 광고 문구다. 그 섬에 발을 들인다는 것만으로 위험한 일이었다. 거기다 작은 보트에 기중기를 설치해 물자를 공급해야 했는데, 곡예사들의 줄타기처럼 아슬아슬한 일이었다. 그래서 그들이 물품을 싣고 내릴 때 이용하던 선착장은 서커스라는 귀여운 이름으로 불렸다. 하지만 훨씬 힘든 건 장시간 등대 안에 갇혀 지내는 것이었다. 악천후는 일상이었다. 바위섬에는 집을 지을 수도 없어서 좁은 탑 속에 갇혀 홀로 외롭게 보낼 수밖에 없었다. 등대지기들은 입을 다문 채 디젤 엔진에서 나는 끔찍한 소음과 등대 어디에서나 느낄 수 있을 정도로 심한 진동과 더불어 살아야 했다.

스베인 얄레 비켄은 5년 동안 그립 등대에서 일하면서 잠도 제대로 못 자고 악몽에 시달리기 일쑤였다. 비켄은 기중기에 묶인 채 하늘을 나는 꿈을 꾸곤 했다. 바위에서 이륙해 다시 그 위로 착륙하는 꿈도 자주 꿨다. 포의 작품에 등장하는 이러한 불안감은 오랜 세월 동안 (그립 등대를 떠난 한참 후에도) 등대지기들을 쫓아다녔다.

그림,
크리스티안순,
노르뫼레,
뫼레오그롬스달주
노르웨이

그립 등대

노르웨이해, 대서양, 유럽
북위 63도 14분 01초 | 동경 07도 36분 33초

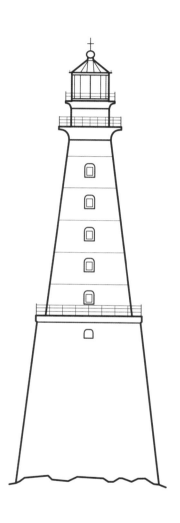

등탑 높이 44m

빛의 초점면

등탑 높이

해수면

공사 기간
1855 ~ 1888년

최초 점등
1888년

자동화 개시
1977년

현재 가동 중

원뿔형 주철탑

등탑 높이
44미터

초점면 높이
47미터

광달거리
19해리

등질
섬백적녹광 8초 2점 소등

등대에 올라갔던 어느 여인에 얽힌
이야기가 지금도 전해지고 있다.
한 여인이 등대에 도착하면서,
두 등대지기 사이에 싸움이 벌어졌다.
그들은 섬에서 쫓고 쫓기는 추격전을
벌이며, 칼로 위협하는가 하면
등대 안에 진지를 구축하기도 했다.
그러던 어느 날, 안에서 문이 닫히는
바람에 둘 중 한 사람은 마을의 어부가
구하러 올 때까지 밖에서 추위에
떨어야 했다. 내막을 알게 된 당국은
두 등대지기를 파면하고 여인을
육지로 돌려보냈다고 한다.

16 과르다푸이 등대 Guardafui

2015년 『무솔리니의 등대』가 출간되었을 때, 이탈리아에서 이 책이 다루는 내용을 아는 사람은 거의 없었다. 출간 2년 전만 해도, 이 책의 저자 알베르토 알포치는 등대에 관해 아는 것이 없는 사람이었다. 분쟁 지역 전문 사진기자였던 그는 소말리아 해적에 관한 기사를 쓰기 위해 아덴만으로 갔다. 해적을 만나지는 못했지만, 헬리콥터를 타고 소말리아 북동쪽 끝으로 날아가며 본 석조탑 하나가 그의 눈길을 끌었다. 그는 셔터를 눌렀다.

과르다푸이곶은 아프리카의 뿔[1] 끄트머리를 이루고 있다. 고전 시대에 '향신료의 곶'으로, 특히 현지 주민들에게 '눈물의 곶'으로 불리던 그곳은 앞바다의 위험한 해류와 시도 때도 없이 자욱해지는 짙은 안개 때문에 옛 이탈리아 선원들에 의해 과르다푸이—눈에 보이면 도망쳐라—라는 이름이 붙었다. 지역의 범죄 조직들은 이처럼 급변하는 해상 상태를 이용해 지나가는 선박을 약탈하곤 했다. 그들이 절벽 위에 불을 피워 놓으면, 항해사들은 불행하게도 이를 등대의 불빛으로 착각하고 배를 해안 쪽으로 몰았다.

1869년 수에즈 운하가 개통된 이후, 식민지 분쟁의 결과 이탈리아령 소말리아로 남게 된 거친 연안 지역에 등대를 설치해야 한다는 의견이 점점 힘을 얻었다. 결국 1924년에 과르다푸이곶에 '프란체스코 크리스피'라는 이름의 철탑이 세워졌다. 당시 유럽 언론에서는 그 등대를 두고 '중요한 항로에 세워진 이탈리아 문명의 전초'라고 평가했다.

하지만 이탈리아의 식민지 통치에 반기를 든 투쟁이 소말리아 전국으로 확대되는 가운데, 등대도 반군의 공격을 버텨 내야만 했다. 등탑은 심한 피해를 입었고 등대를 지키던 군대에도 많은 사상자가 났다. 몇 번에 걸친 공방 끝에 이탈리아인들은 콘크리트 링으로 보강된 석조 건물을 세웠다. 결과적으로 어떤 공격에도 훨씬 더 잘 견딜 수 있는 건축물로 다시 태어났다. 그곳의 독특한 장식 중에서 가장 눈에 띄는 것은 거대한 파쇼 리토리오fascio littorio[2], 즉 당시 이탈리아를 통치하고 있던 파시스트 제국주의의 상징인 돌도끼였다.

일반적으로 소말리아는 휴양지도 아닐뿐더러, 과르다푸이는 가까이 가기도 힘든 곳이다. 수시로 변하는 사막과 예측하기 힘든 바다, 그리고 그 지역의 정치적 불안으로 인해 고립이 심화되고 있는 실정이다. 최근 70년 동안, 등대의 불그스레한 돌을 만져 본 이탈리아인은 거의 없거나 혹은 아예 없을 것이다. 세월의 흐름 속에서 등대는 폐허처럼 변해 버렸지만, 알포치의 사진이 아니었더라면 우리는 그마저 볼 수 없었을 것이다.

[1]
아프리카 대륙의 북동부를 가리키는 말로, 소말리아 공화국의 일부다.

[2]
'통합을 통한 힘과 권력'을 상징한다. 고대 로마 시대에는 하얀 자작나무 막대기들을 붉은 가죽띠로 묶은 뒤, 그 옆에 날이 선 청동 도끼를 끼워 두었다.

과르다푸이곶,
바리주,
푼틀란드
소말리아

과르다푸이 등대

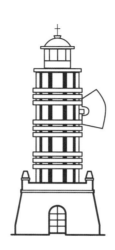

준공
1924년과 1930년

최초 점등
1924년과 1930년

가동 중단
1957년

원통형 조적식 석조탑

등탑 높이
19미터

초점면 높이
263미터

'과르다푸이의 황태자'라는 별명을 가진 마지막 등대지기는 1957년까지 자신의 소임을 다했다. 그의 이름은 안토니오 셀바지다. 1941년 영국군에 포로로 잡힌 적이 있고, 은퇴 후에는 소말리아의 수도 모가디슈에서 이발사로 일했다. 한 인터뷰에서 그는 이렇게 말했다. "우리는 아주 고립된 상황에서 살아야 했습니다. 교통수단이라고는 낙타 세 마리밖에 없었을 정도니까요." 우편물을 받기 위해 등대에서 가장 가까운 마을인 알룰라에 가려고 해도, 낙타를 타고 꼬박 이틀을 가야 했다.

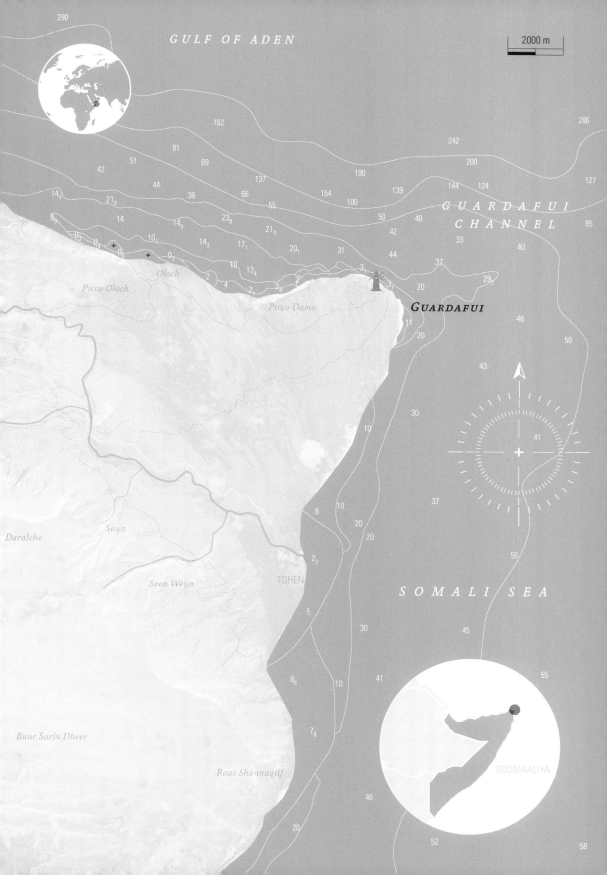

17   쥐망 등대 la Jument

1
프랑스 북서부의 바다로
대서양의 일부를 이룬다.

폭풍우가 노호하는 가운데 테오 말고른은 조명실에서 프로펠러 엔진 소리를 들었다. 그는 호기심에 이끌려 등대 아래로 내려갔다. 문을 열자 거친 이루아즈해[1] 위를 날고 있는 헬리콥터 한 대가 어렴풋이 보였다. 하늘에서 사진작가 장 귀샤르가 쥐망 등대를 철썩 때리는 대서양의 파도를 내려다보고 있었다. 그는 놀라운 직감으로 정확한 순간에 셔터를 눌렀다. 등대를 집어삼키려는 듯 집채만 한 파도가 밀려오는 순간, 등대지기는 문턱에 서 있었다.

그 사진을 보고 있으면 왠지 불안한 생각이 고개를 쳐든다. 등대지기에게 무슨 일이 일어났는지 궁금해진다. 그 사진이 1990년 월드 프레스 포토상을 받은 것도 어쩌면 화면을 가득 채우고 있는 불확실성 덕분인지 모른다. 다행히 그 사진에 얽힌 이야기는 해피엔딩으로 마무리된다. 등대지기는 하마터면 파도에 쓸려갈 뻔했지만, 제때 문을 닫고 안전한 곳으로 피신해서 화를 모면할 수 있었다. 피해라고 해야 깜짝 놀라고 발이 젖은 것밖에 없었다.

2
이루아즈해에 있는 해협.

3
1896년 6월 16일에
침몰되었다.

사진 속의 파도로 쥐망 등대가 유명해졌다면, 그 이전의 파도는 등대 건설을 본격적으로 추진하는 계기가 되었다. 특히 프롱뵈해협[2]의 거친 파도로 인해 해난 사고가 잇따랐는데, 영국의 증기선 드러먼드 캐슬호의 침몰 사고가 가장 유명하다.[3] 여행가이자 파리 지리학회의 회원인 샤를 외젠 포트롱도 그 해역에서 조난을 당했지만 무사히 살아남았다. 쓰라린 경험을 한 뒤, 그는 웨상섬 주변에 등대를 세워 달라는 유언과 함께 40만 프랑을 남겼다. 유언에는 다음과 같은 구절이 있다. "물론 인간의 힘으로 재난을 막는다면 훌륭한 업적이겠지만, 지금으로서는 사고를 미연에 예방하는 것이 가장 좋을 것이다." 그는 자기가 죽고 나서 7년 내로 공사를 끝내 달라는 조건을 내걸었다.

등대 건설 공사는 1904년에 서둘러 시작되었다. 정해진 기한 내에 간신히 등불이 켜졌지만, 공사를 너무 서두르는 바람에 그 후 몇 년간 등탑에서 여러 가지 이상 징후가 발견되었다. 완공 후 첫 폭풍우를 겪을 때는 건물에서 비정상적인 진동이 느껴졌다. 폭풍이 부는 동안, 등대지기들은 언제라도 등대가 바다로 무너져 내릴지도 모른다는 극심한 불안감에 시달렸다. 연이어 복구를 시도했지만 공사 자체가 너무 까다롭고 비용도 많이 들어 30년이 지나도 끝나지 않았다. 여러 문제점들이 개선되기는 했으나 쥐망 등대는 지금도 웨상의 지옥으로 불리고 있다.

14년간 등대지기로 봉직한 뒤, 테오 말고른은 1991년 자동화된 등대를 뒤로하고 쥐망을 떠났다. 은퇴 후에도 그는 계속 웨상섬에 살면서 깎아지른 듯한 절벽을 따라 산책하며 저 멀리 어른거리는 등대의 위풍당당한 실루엣을 바라봤다. 그리고 거센 파도와 비바람이 폭풍우의 등대를 내리치던 순간을 떠올리곤 했다.

아르가젤암,
웨상섬,
피니스테르,
브르타뉴
프랑스

쥐망 등대

이루아즈해, 대서양, 유럽
북위 48도 25분 40초 | 서경 05도 08분 00초

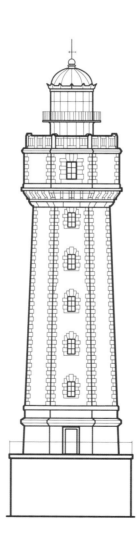

공사 기간
1904~1911년

최초 점등
1911년

자동화 개시
1990년

현재 가동 중

팔각형 석조탑

등탑 높이
47미터

초점면 높이
41미터

광달거리
22해리

등질
적섬광 15초 3섬광[Fl(3) R l5s]

2017년 겨울. 쥐망 등대에
부딪치는 파도의 높이를 측정했다.
가장 큰 파도는 24.5미터에 달했다.

2004년에 제작된 필립 리오레
감독의 영화 〈등대지기〉는
쥐망 등대지기들을 주인공으로
웨상섬의 이야기를 다루고 있다.

2015년 12월. 쥐망 등대는
프랑스 역사 유적으로 지정되었다.

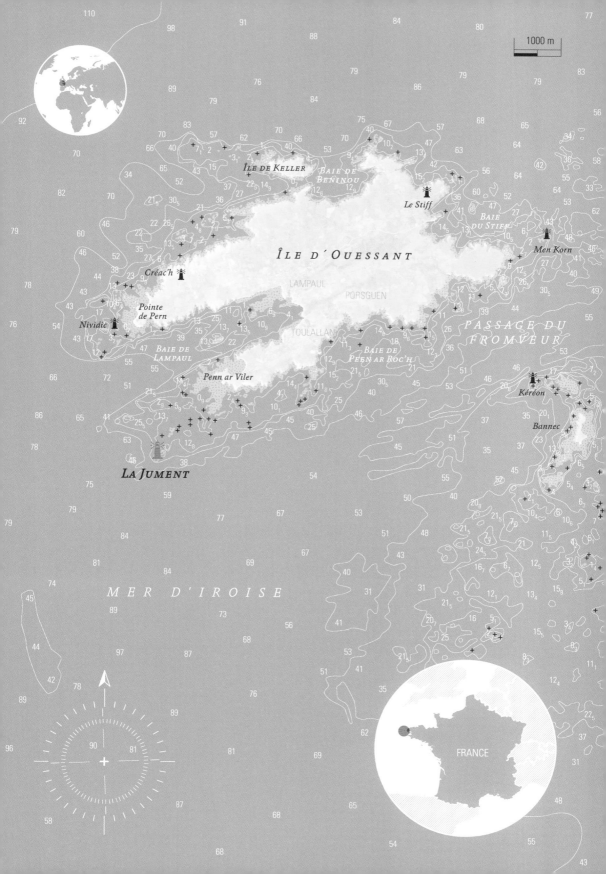

18 클레인퀴라소 등대 Klein Curaçao

1
지금의 네덜란드와 벨기에를
포함하는 옛 왕국으로,
1815년부터 1831년까지
존재했다. 퀴라소는
포르투갈어인 'Curaçao'
를 네덜란드식으로 발음한
것이다.

베네수엘라 앞바다, 네덜란드 왕국[1]의 작은 섬이 카리브해 남쪽에 길게 뻗어 있다. 17세기 동안 네덜란드에서 온 식민지 정착민들과 대서양 일대에서 노예 무역을 총괄하기 위해 만들어진 네덜란드 서인도회사가 이곳 퀴라소섬에 자리를 잡았다. 이런 영리 활동 덕분에 수도인 빌렘스타트는 빠르게 번창했고, 이때 세워진 식민지 시대 건축물은 인류 문화유산으로 지정되어 있다. 오늘날 퀴라소섬은 관광 및 조세 피난의 천국이 되었다.

북서풍과 강한 해류 때문에 퀴라소 남쪽으로 2시간 거리에 있는 섬 부근에서 해상 조난 사고가 빈번하게 일어난다. 바람이 거센 클레인퀴라소—'작은 퀴라소'라고 불리는 무인도—의 해안을 배로 지나다 보면, 어마어마한 플라스틱 쓰레기들과 함께 유조선 마리아 비앙카 가이즈맨호의 녹슨 잔해도 볼 수 있다. 1970년대에 이 배는 1934년에 좌초된 독일 화물선 막달레나요와 해변—마치 요트들의 공동묘지처럼 보이는—에 널브러져 있던 프랑스 요트 차오호에서 나온 부유물에 걸려 비참한 최후를 맞이하고 말았다.

과거 악명 높은 항로가 클레인퀴라소로 이어져 있었다. 셀 수 없이 많은 배들이 그 항로를 따라 아프리카 출신의 노예들을 카리브로 수송했다. 가던 중에 병든 노예가 생기면, 클레인퀴라소섬에 내려놓고 살든지 죽든지 40일 동안 방치해 두었다. 힘든 항해를 이겨 내지 못하고 세상을 뜬 노예들은 그 섬의 모래 아래 파묻어 버렸다.

그곳에는 이미 '헨드릭 황태자'라는 이름의 등대가 있었지만, 채 30년이 되기도 전에 허리케인이 휩쓸고 지나가면서 무너지고 말았다. 섬은 불확실한 어둠 속에 묻히게 되었다. 그러다 1913년, 외로운 섬 한복판에 위풍당당하게 서 있는 그 등탑이 환히 빛나기 시작했다. 빌렘스타트의 건물 대부분과 마찬가지로 장밋빛 색조를 띤 등대는 한동안 운영이 되었지만, 20세기에 들어 사람들의 뇌리에서 잊히고 말았다. 비바람을 맞으면서도 꿋꿋이 버텨 낸 등대는 끝내 폐허로 변해 버렸다. 등대는 뭍으로 밀려 올라온 또 다른 난파선처럼 을씨년스러운 모습을 하고 서 있었다.

21세기 초, 클레인퀴라소 등대의 불빛이 다시 환하게 밝혀졌다. 모든 시스템이 자동화되어 15초마다 두 번씩 램프의 섬광이 번쩍거린다. 네덜란드 정부가 과거 세계 노예 무역에 가담한 것에 대해 깊은 반성과 사과의 뜻을 표한 것도 이 무렵이었다.

클레인퀴라소,
퀴라소

네덜란드 연합 왕국

카리브해, 남아메리카
북위 11도 59분 23초 | 서경 68도 38분 35초

준공
1850년과 1879년

최초 점등
1850년과 1913년

자동화 개시
2008년

현재 가동 중

원통형 조적식 석조탑

등탑 높이
20미터

초점면 높이
25미터

광달거리
15해리

등질
적섬광 15초 2섬광[Fl(2) R I5s]

1871년, 존 고든이라는 영국의 기술자가 클레인퀴라소섬에서 구아노 인산염을 캐내기 시작했다. 이후 정착민들이 몰려들어 채굴이 본격화되고 염소들이 늘어나면서 안 그래도 취약한 섬의 생태계가 황폐화되는 결과를 초래했다.

클레인퀴라소에는 사람이 살지 않지만, 빌렘스타트에서 배를 타면 그곳에 갈 수 있다. 등대 건물 주변과 옛 노예 검역소를 구경할 수 있다.

19 라임록 등대 Lime Rock

하늘이 잔뜩 찌푸린 어느 가을날 최초의 구조 작업이 이루어졌다. 신병 네 명을 태운 배가 태평스럽게 포트 애덤스 부근으로 향하는 중이었다. 그들 중 한 명이 돛대를 타고 올라가더니 몸을 흔들기 시작했다. 친구들에게 장난을 치려고 한 짓이었지만, 결국 불상사가 일어나고 말았다. 요트는 전복됐다. 청년들은 살려고 안간힘을 썼지만 제대로 수영도 할 줄 몰랐다. 그때 한 여자아이가 등대의 창문을 통해 그 장면을 목격했다. 아이는 즉시 등대를 뛰쳐나가 작은 보트를 이용해 그들을 구조했다. 아이다 루이스는 당시 열두 살밖에 되지 않은 어린 소녀였다.

때는 1858년이었다. 아이다 루이스의 아버지가 라임록 등대지기로 임명되기 5년 전에 만들어진 등탑은 2층으로 된 벽돌 건물이었다. 북서쪽 모퉁이에는 작은 고정식 백섬광 등명기가 설치되어 있었다. 해안에서 200여 미터 떨어진 곳에 위치한 작은 등대는 배들이 뉴포트 내항으로 안전하게 들어올 수 있도록 길을 안내했다. 아버지가 뇌졸중으로 쓰러져 움직일 수 없게 되자, 아이다와 엄마가 나서서 등대지기의 역할을 맡았다. 아이다는 등불을 관리할 줄 알았을 뿐 아니라, 매일 아침 배를 저어 어린 동생들을 학교에 데려다 주었다. 그 무렵 아이다는 뉴포트에서 가장 수영을 잘 하는 아이로 정평이 나 있었다.

몇 년간이나 그곳에서 구조 작업이 이루어졌다. 어느 중사와 사병, 그리고 다섯 명의 여자들에 이르기까지. 그중 몇 상황이 너무 절박했기에, 아이다 루이스도 며칠을 앓아누워야 했다. 27세 때 그녀는 원하지도 않던 유명인의 반열에 올랐다. 당시 가장 인기 있던 잡지에 실리면서 수백 명의 사람들이 그녀를 만나기 위해 라임록으로 몰려들었다. 뉴포트의 시민들은 감사의 뜻으로 그녀에게 보트를 선물했다. 금도금된 노걸이와 빨간색 벨벳 쿠션이 갖추어진 '레스큐'라는 보트였다. 심지어 율리시스 S. 그랜트 대통령[1]도 그녀를 찾아올 정도였다. 그랜트 대통령은 바위섬에 오르기 위해 바닷물에 발을 적시면서 이렇게 말했다. "나는 아이다를 만나러 여기에 온 것이다. 그녀를 만날 수만 있다면 가슴까지 물에 잠겨도 상관없으리라."

그녀는 소리 소문 없이 윌리엄 윌슨이라는 사내와 결혼해서 블랙록하버[2]에 보금자리를 마련했다. 하지만 결혼 생활은 그리 오래가지 않았다. 등대에서 그렇게 멀리 떨어진 곳에 산다는 것은 아이다에게 상상할 수 없는 일이었다. 곧장 라임록으로 돌아온 그녀는 1879년 등대지기로 정식 임명되었다.

"두꺼운 유리창에 굵은 빗방울이 내리쳐 앞이 보이지 않을 때도 있고, 높은 파도가 일어 며칠이나 배가 오지 못할 때도 있다. 그럴 때면 굶주림에 지칠 대로 지치지만, 그래도 나는 행복하다. 이 바위섬에 있으면, 해안에서는 절대 얻을 수 없는 마음의 평화를 느낀다. 여름에는 수백 척의 배들이 이 항구를 드나든다. 모두 내 지시를 따를 때만 가능하다. 내가 살면서 느끼는 행복의 일부는 여기에서 온다."

1911년 10월 어느 날 아침, 바로 그 등대에서 그녀의 불빛이 영원히 꺼졌다. 라임록은 아이다 루이스의 등대로 역사의 한 페이지를 장식하게 될 것이다.

[1] 미국의 18대 대통령. 남북전쟁 동안 북군의 사령관이었다.

[2] 코네티컷주 브리지포트에 위치한 항구로 입구 페이어웨더섬에 등대가 있다.

라임록,
뉴포트,
로드아일랜드주
미국

라임록 등대

내러갠싯만, 대서양, 북아메리카

북위 41도 28분 40초 | 서경 71도 19분 35초

준공
1853년

최초 점등
1854년

자동화 개시
1927년

가동 중단
1963년

사택이 부속된 벽돌탑

등탑 높이
4미터

초점면 높이
9.1미터

원래 렌즈
6차 프레넬 렌즈

1920년대 말, 바위섬으로 이어지는 목조 교량이 건설되었다. 그곳의 역사를 보존하고자 하는 항해자 단체가 등대와 딸린 사택을 인수했다. 그렇게 아이다 요트 클럽이 창설되었고 오늘날까지 활동하고 있다. 클럽의 깃발은 빨간 바탕에 파란 등대와 아이다가 구조한 인명을 상징하는 18개의 하얀별이 그려져 있다.

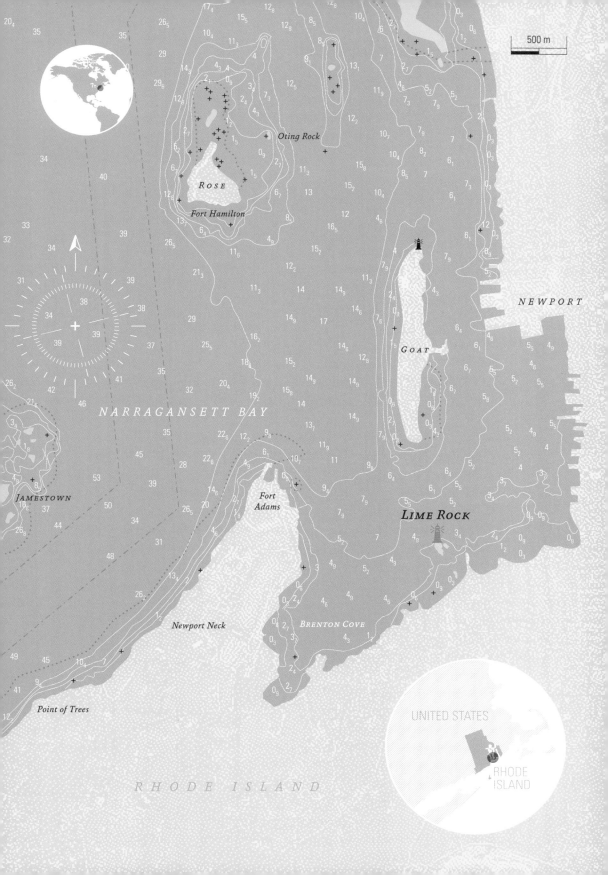

NEWPORT

GOAT

☀ LIME ROCK

NARRAGANSETT BAY

Oting Rock

ROSE

Fort Hamilton

JAMESTOWN

Fort
Adams

BRENTON COVE

Newport Neck

Point of Trees

RHODE ISLAND

500 m

UNITED STATES

RHODE
ISLAND

20 롱스톤 등대 Longstone

1
노섬벌랜드 연안에 있는
마을.

2
1929년, 일본 정부는
그레이스 달링의 이야기를
학생들에게 가르치기 위해
소학교 국어 교재로 만들어
출간했다.

3
잉글랜드 북동부
험버사이드주의 주도.

4
판아일랜즈 중
아우터판아일랜즈의
하나로, 지역에서는
'그레이트호커'라고 불린다.

5
스코틀랜드 동부 테이만에
위치한 항구 도시.

그레이스 달링은 26세에 폐결핵으로 세상을 떠나고 말았다. 신분 낮은 집안에서 태어났지만 그녀의 유해는 세인트 에이단 교회의 거대한 영묘에 안치되었다. 고향인 뱀버러[1]에서는 그녀를 위해 박물관을 지어 주기도 했다. 그 박물관은 포퍼셔호가 좌초된 지 100년 만에 문을 열었다. 박물관에 그레이스의 사진은 한 장도 없지만, 그녀의 삶과 관련된 다양한 물건들이 전시되어 있다. 동생과 나누어 입던 옷과 세월이 흐르면서 하얗게 센 머리카락, 구조 작업을 할 때 사용한 보트 등이다. 또 다른 진열장에는 일본어로 된 교과서[2] 한 권이 전시되어 있다.

1838년 9월 7일, 포퍼셔호가 두 동강 나고 말았다. 배는 전날 6시 30분에 헐Hull[3]을 출발했지만, 밤 10시경 엔진이 고장을 일으켜 표류하다 새벽 3시에 빅하카 암초[4]에 부딪치면서 좌초했다. 증기선은 던디[5]로 가던 중 강한 폭풍에 휩쓸려 표류하다 결국 판군도의 암초로 향했다. 배 안에는 선장 험블과 선원들, 그리고 40명의 승객이 타고 있었다. 화물칸에는 면과 구리가 실려 있었다.

그레이스는 강한 비바람이 등대 유리창에 들이치는 것을 유심히 지켜보고 있었다. 그날 밤 그녀는 잠을 이룰 수 없었다. 동이 트기 시작할 무렵, 밖을 내다봤을 때 난파선의 잔해들이 선명히 보였다. 그리고 저 멀리 작은 무인도에 사람으로 보이는 실루엣이 어른거렸다. 그녀는 당시 롱스톤의 등대지기였던 아버지에게 그 사실을 알렸다. 두 사람은 두려움 속에서도 작은 보트 코블호를 타고 폭풍우 치는 바다로 나아갔다. 그들은 거친 파도와 싸우며 1킬로미터 거리를 노를 저었다. 마침내 빅하카 암초 위에서 부상당한 생존자 9명을 발견했다. 도슨 부인은 이미 숨이 끊어진 두 아들을 자기 옷자락에 묶은 채 꽉 붙잡고 있었고, 롭 목사는 두 손을 모은 채 막 세상을 떠난 상태였다. 아버지가 조난자들을 돕는 동안 그레이스는 사나운 파도를 헤치면서 배를 몰고 암초로 접근했다.

이와 동시에, 7명의 구조대를 태운 배가 노스 선덜랜드를 출발했다. 이들이 포퍼셔호의 잔해를 수색했지만 생존자는 단 한 명도 찾지 못했다. 구조대는 지칠 대로 지친 데다 귀항하기도 어려운 상황이어서 일단 롱스톤 등대로 대피했다. 놀랍게도 등대 안으로 들어가자 따뜻한 온기와 더불어 참사의 생존자들을 보살피고 있는 달링 가족이 그들을 맞이했다. 폭풍우가 계속되는 바람에 19명의 사람들은 뭍으로 돌아갈 수 없었고, 비좁은 공간에서 여러 날 동안 함께 지내야만 했다.

그 소문이 삽시간에 전국으로 퍼져 나가자, 언론들은 성공적인 구조를 매스컴의 공으로 둔갑시켰다. 물론 그레이스는 찬사와 함께 훈장과 보상금도 받았다. 그녀의 용감함에 관한 이야기는 후세의 귀감이 되었다.

롱스톤 등대　북해, 대서양, 유럽
북위 55도 38분 38초 | 서경 01도 36분 39초

등탑 높이 26m

해수면

시공 기술자
조지프 넬슨

준공
1825년

최초 점등
1826년

자동화 개시
1990년

현재 가동 중

원통형 석조탑

등탑 높이
26미터

초점면 높이
23미터

광달거리
24해리

등질
백섬광 20초 1섬광
[Fl W 20s]

판군도는 사람이 살지 않는 무인도지만,
중세 시대에는 수도사들과 은자들이
은거하던 곳이었다. 성 에이단, 성 커스버트,
성 바르톨로메오와 같은 성자들이
그곳에서 오랫동안 은거 생활을 했다.

1773년 이래로 판군도를 비추던
여섯 개의 등대 중, 오늘날까지 보존된 것은
판(이너판Inner Farne)과 롱스톤(아우터판
Outer Farne) 등대 두 개뿐이다.

NORTH SEA

500 m

North Wamses

Big Harcar

LONGSTONE

Brownsman

Staple

STAPLE SOUND

Crumstone

Megstone

FARNE ISLANDS

Solan Rock

Knoxes Reef

The Bush

Inner Farne

FARNE SOUND

INNER SOUND

EDINBURGH

SEAHOUSES

UNITED KINGDOM

21 마치커 등대 Maatsuyker

1
편서풍으로 인해 바람이
강하고 높은 파도가이는
지역으로, 남위 40도와
50도 사이의 지역을
가리킨다. 태즈메이니아와
오스트레일리아의
남부 주들이 모두 로어링
포티즈에 속한다.

더 남쪽으로 내려가면 불빛 하나 보이지 않는다. 있는 것이라고는 사나운 바다와 로어링 포티즈[1] 뿐이다. 그곳을 지나 더 남쪽으로 내려가면 곧장 남극 대륙에 이르게 된다.

마치커는 태즈메이니아에서 떨어져 나온 바위섬으로, 태평양과 인도양 사이에 끼어 있다. 사람이 살지 않는 거친 땅이며 접근하기도 어렵다. 어떤 사람들은 그곳을 일컬어 '남쪽의 은둔자South Solitary'라고 부르기도 하지만, 실제로 그 이름의 주인은 북쪽으로 1,600킬로미터 떨어진 오스트레일리아의 어느 섬으로 주거 지역에 가까운 곳이다. 마치커는 바람의 섬—시속 100킬로미터의 강풍을 버티고 있다—이자, 물의 섬—일주일에 5일은 비가 내린다—이다. 가끔 울부짖는 소리와 함께 맹렬하게 몰아치는 폭풍은 사람을 쓰러뜨릴 만한 위력을 지니고 있다. 등대지기 대피소의 지붕이 날아가고 유리창이 박살나는가 하면, 등탑이 구부러질 듯 휘청거린다.

그곳에서는 번개도 바람만큼이나 악명이 높다. 마치커섬에서 8년간 등대지기로 일한 존 쿡은 그 섬에 사는 동안 등대에 천둥 번개가 내리칠 때가 가장 무서웠다고 했다. 그럴 때면 천둥소리의 위력에 의해 몸이 벽으로 날아가 버렸다. 2015년에 등대에 벼락이 떨어졌을 땐 몇 주 동안 전기 공급이 끊기기도 했다.

그렇다 해도, 존 쿡에게는 따뜻하고 즐거운 순간이 남아 있다. 가령 앞바다에 찾아온 돌고래와 고래를 구경하고, 밤하늘 아래 펼쳐지는 남극광이나 그 무엇과도 비견할 수 없을 정도로 아름다운 일몰을 바라보고 있으면 절로 행복감에 젖어 들었다.

"육지에서 살 때에 비해 내 몸이 더 생생하게 살아 있다는 것을 느낄 수 있었다. 나는 섬 생활이 정말 마음에 들었다. 사람들은 매번 외로움과 권태를 어떻게 견디느냐고 물어보곤 했다. 하지만 감각을 깨어 있게 만들다 보면 온몸에 힘이 솟구친다."

2
태즈메이니아주의 주도.

1891년 등대가 세워졌을 때, 긴급 시 외부와 소통하는 유일한 방법은 통신용 비둘기였다. 세 마리 중 하나라도 목적지에 닿을 것이라는 희망을 품고 호바트[2]로 날려 보냈다. 이외에도 초창기에는 여러 어려움이 있었다. 등대 꼭대기로 가는 125개의 계단, 등유 램프에 불을 켜는 일, 불이 꺼지지 않도록 20분마다 한 번씩 펌프질하는 일 등등 쉬운 게 없었다. 보통 이런 작업은 등대에 전기가 들어오고 램프가 교체될 때까지 매일 밤늦게 계속되었다. 하지만 교체 후 태즈메이니아 남부에서 온 어선들은 훨씬 더 쓸쓸한 빛의 안내를 받아 항해했다. 쿡에 따르면, 그것은 안 좋은 징조였다. 등대에 전기가 들어오면서 등대지기는 멸종 위기 직종이 되었으니까.

존 쿡은 『마지막 등대지기』라는 회고록을 출간했다. 85세의 고령에도 그의 파란 눈은 여전히 저 먼 수평선을 좇고 있다. 그는 유언에 영원히 마치커섬에서 잠들고 싶다는 소망을 남겼다.

마치커섬,
태즈메이니아
오스트레일리아

마치커 등대

태평양과 인도양, 오세아니아
남위 43도 39분 25초 | 동경 146도 16분 17초

준공
1891년

최초 점등
1891년

자동화 개시
1996년

현재 가동 중

원뿔형 벽돌탑

등탑 높이
15미터

초점면 높이
140미터

광달거리
26해리

등질
백섬광 7.5초 1섬광[Fl W 7.5s]
4섬광마다 한 번씩 생략

처음 세워진 등대는 1996년에
교체되었다. 새로 들어선 등대는
태양에너지를 이용해
자동화되었지만, 최근 몇 년간
한 쌍의 부부가 섬에서 6개월 동안
살면서 자원봉사를 하는 프로그램을
시행했다. 이들 임차인은 감시와
시설 유지 업무를 맡고 일일 기상을
측정하기로 약속했다. 첫 자원봉사자
모집에서 천 명 이상의 지원자가
몰려들었다고 한다.

4000 m

Freney Lagoon

10
15
ZEBRA
BAY
13
15
14
Karamu
5
22
8
Cox Bluff
20
24
20
25
LOUISA
BAY
15
24
20
27
25
28
Red Point
33
17
25
29
24
17
15
24
Telopea Point
26
36
31
32
55
53
48
22
37
36
39
42
46
36
32
29
uth West Cape
33
27
45
35
29
47
37
30
32
39
Isle du Golfe
23
37
50
69
De Witt
22
39
48
21
44
50
49
40
42
40
31
37
44
62
67
64
25
28
78
100
47
30
42
47
40
62
70
63
19
50
75
79
74
85
93
100
40
31
15
17
50
59
100
93
36
20
Flat Witch
Flat Top
105
115
109
Western Rocks
Walker
66
79
86
82
124
114
117
100
56
41
23
48
Round Top
85
93
102
93
132
130
Needle Rocks
32
40
91
76
94
90
103
105
54
149
137
34
MAATSUYKER
37
105
73
108
121
157
154
159
97
125
120
89
68
79
105
64
115
130
77
156
106
145
121
47
87
118
138
141
155
164
166
141
59
154
148
150
162
155
153
SOUTHERN OCEAN
150
154
158
158
159
759
158
177
160
158
185
271
156
161
160
158
156
AUSTRALIA
363
159
161
814
437
400
268
178
162
TASMANIA
156
753
394
500
380
275
150
199
156
424
459
355
324
176
174
168
160
200

22 마티니커스록 등대 *Matinicus Rock*

신참이었던 케빈 아스노트는 낯선 등대의 조수로 발령받자, 해안 경비대 동료들에게 거기가 어떤 곳인지, 살기 좋은지 물어보았다. 그중 한 사람이 대답했다. 그곳에 가면 나무 뒤마다 젊은 여자가 한 명씩 기다리고 있을 거라고.

만약 아스노트가 1891년 등대위원회 연례 보고서만 읽어 보았더라도 마티니커스록에 나무는커녕 풀 한 포기 자라지 않는다는 걸 알았을 것이다. 그 섬 표면에는 파도에 의해 밀려나고 휩쓸려 간 푸석돌만 어지럽게 널려 있을 뿐이었다.

실제로 그렇게 거칠고 황량한 땅에서는 식물보다 등대가 더 살기 좋은 법이다. 똑같이 생긴 두 개의 등탑은 섬의 양쪽 끝에 서서 위험하기 짝이 없는 메인 바다를 비추고 있다.

하지만 마티니커스록에는 정말로 여자들이 있었다. 그 여인들이 가진 두드러진 점은 어떤 어려움에도 굴하지 않는 강인한 정신과 용기였다. 애비 버제스는 열여섯 살 때 부모님을 따라 어린 동생들과 함께 이 섬에 왔다. 애비는 등대를 관리하던 아버지를 도와 등불이 꺼지지 않게 했고, 거동이 불편한 병든 어머니를 보살폈다.

1856년 1월, 등대지기 새뮤얼 버제스는 식량을 받으러 보트를 타고 나섰다. 얼마 후 큰 폭풍이 몰아쳐 그는 돌아올 수 없었다. 사흘이 지나자 바람은 더 거세졌고 바다도 거칠어지면서 섬의 대부분이 물에 잠기고 말았다. 그들이 살던 집까지 침수되자 애비는 어머니와 동생들을 데리고 안전한 곳으로 대피했다. 그들이 몸을 숨긴 곳은 북쪽 등대였다. 무릎까지 물이 차오르는 가운데, 애비는 위험을 무릅쓰고 닭들을 구하러 닭장으로 갔다. 그 결과 한 마리를 제외하고 모두 구해 냈다. 곧바로 집채만 한 파도가 몰아쳐 집과 닭장을 휩쓸고 가 버렸다. 4주간이나 등대 밖으로 나가지 못한 채, 그들은 매일 옥수수죽 한 컵과 계란 한 개로 버텨야 했다. 그런 상황에서 애비는 단 한 번도 등대의 불을 꺼트리지 않았다. 그러던 어느 날, 마침내 폭풍이 가라앉았다. 새뮤얼 버제스는 다시 가족을 못 만날 수도 있다는 생각에 괴로워하면서 섬으로 돌아왔다. 걱정과 달리, 그는 가족과 감격적인 해후를 했다. 가족 모두가 무사하다는 사실이 그저 감사했다.

그로부터 5년 후, 마티니커스록 등대는 새로운 등대지기 존 그랜트와 아들 아이작을 맞이했다. 버제스 가족은 다른 곳으로 거처를 옮겨야 했지만, 애비는 한동안 등대에 남아 갓 도착한 등대지기들에게 이것저것 가르쳐 주었다. 애비와 아이작 사이에 대서양의 파도만큼이나 열렬한 사랑이 싹트기 시작했다. 애비는 마티니커스록을 떠나지 않았다. 애비와 아이작은 그다음 해에 결혼했고 슬하에 4명의 자식을 두었다. 아이들은 거세게 몰아치는 바람 속에서 건강하게 자랐다.

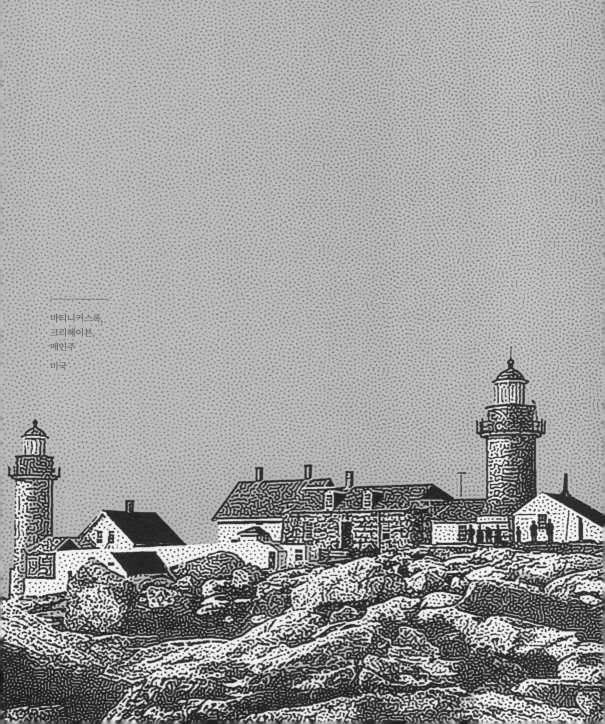

마티니커스록,
크리헤이븐,
메인주
미국

마티니커스록 등대

대서양, 북아메리카
북위 55도 38분 38초 | 서경 01도 36분 39초

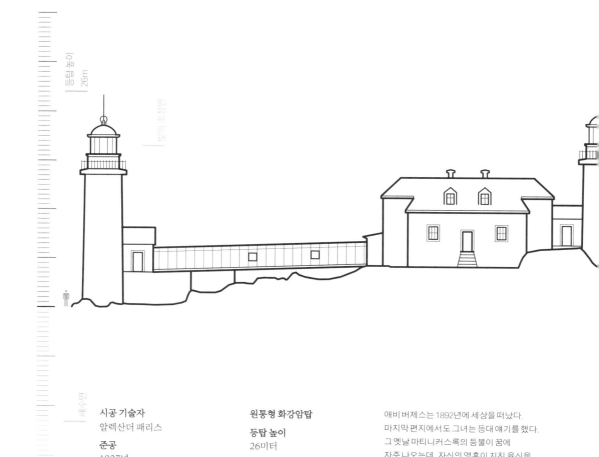

시공 기술자
알렉산더 패리스

준공
1827년

최초 점등
1846년

자동화 개시
1983년

현재 가동 중

원통형 화강암탑

등탑 높이
26미터

초점면 높이
23미터

광달거리
24해리

등질
백섬광 10초 1섬광
[Fl W 10s]

애비 버제스는 1892년에 세상을 떠났다. 마지막 편지에서도 그녀는 등대 얘기를 했다. 그 옛날 마티니커스록의 등불이 꿈에 자주 나오는데, 자신의 영혼이 지친 육신을 떠난 후에도 계속 등대를 지킬 수 있을지 궁금하다고 썼다.

마티니커스록 등대는 1988년, 미국의 역사 유적지로 지정되었다.

No Mans Land

MATINICUS

Wheaton

Tenpound

Ragged

WOODEN BALL

ATLANTIC OCEAN

MATINICUS ROCK

MAINE

UNITED
STATES

1000 m

23 나배사 등대 Navassa

19세기 초, 구아노는 모든 나라가 탐내는 원료였다. 바닷새들의 배설물이 대규모로 쌓이면서 만들어진 구아노는 당시 증가 추세이던 집약적 농업에 매우 효과적인 비료였기 때문이다. 따라서 수천 년의 세월 동안 앨버트로스, 가마우지, 갈매기의 배설물 아래 파묻혀 있던 수백 개의 작은 섬과 바위섬에 대한 관심이 부쩍 높아진 건 당연했다.

1856년, 미국 의회는 구아노로 덮여 있되 타국의 관할하에 있지 않은 섬을 미국 시민권자들이 점유할 수 있도록 법적으로 승인했다. 19세기 후반, 미국은 구아노 섬에 관한 법률 아래 수백 개 이상의 작은 섬들을 차지했다.

|
콜럼버스가 1492년
카리브해의 섬에 붙인
이름으로, 오늘날의
도미니카 공화국과
아이티를 가리킨다.

크리스토퍼 콜럼버스가 자메이카에서 보낸 두 척의 배는 라 에스파뇰라[1]로 가던 중, 쓸모없는 섬을 발견했다. 마실 물은커녕 나무 한 그루 없이 험한 바위뿐이었기 때문에 그들은 그냥 지나쳤다. 대신 그 섬에 '나바사Navaza'라는 이름을 붙여 주었다. 그 후로 300년 동안 그 섬에 내리는 선원은 없었다. 1857년, 미국인 선장 피터 덩컨이 그 섬의 소유권을 주장했다. 나배사섬에 백만 톤의 구아노가 있었기 때문이다.

메릴랜드에서 온 140명의 흑인 노동자들은 열대의 태양이 뜨겁게 내리쬐는 가운데 백인 감독관들의 엄격한 통제를 받으며 구아노를 채취하기 시작했다. 1889년, 분노한 노동자들이 마침내 폭동을 일으켰고, 그 과정에서 5명의 현장 감독이 살해됐다. 반란의 주모자들은 볼티모어에서 열린 재판에서 유죄 판결을 받았다. 반란 후 구아노 개발 산업은 하락세로 접어들다, 쿠바 전쟁[2] 중 많은 인산염 기업들이 파산했다.

2
1895년부터 1898년까지
쿠바에서 일어난 독립전쟁을
가리킨다. 이 전쟁은
1898년 4월 미국이
개입하면서 스페인 - 미국
전쟁으로 확대된다.

3
쿠바와 라에스파뇰라섬
사이의 해협으로 대서양과
태평양을 이어준다.
스페인어 지명에는
'바람의 길Paso de los
Vientos'이라는 뜻이 있다.

나배사섬에는 지금도 사람이 살지 않는다. 파나마 운하가 개통된 직후 윈드워드해협[3]이 미국 동부 해안에서 태평양에 이르는 최단 항로로 알려져, 배들이 그 앞으로 자주 지나다닐 뿐이다. 그 무렵, 섬에는 높이가 50미터에 이르고 등대지기들의 숙소까지 갖춘 대형 콘크리트 등대가 세워졌다. 15년 동안 미국 해안 경비대 소속의 등대지기들이 그곳을 관리했다. 하지만 이렇게 외딴곳의 숨 막히는 더위를 오래 견딜 수 있는 사람은 아무도 없었다. 1929년, 기술자 조지 R. 퍼트넘은 등대의 조명이 독자적으로 기능하는 시스템을 개발했다. 그리고 나배사는 세계 최초로 자동화된 등대 중 하나가 되었다.

1996년 등대의 불빛은 영원히 꺼지고 말았다. 그 후로 야생 고양이, 개, 돼지 들이 그 거대한 탑 주변을 어슬렁거리고 있으며 무화과나무와 우거진 덤불이 잊힌 땅 위에서 걷잡을 수 없이 자라고 있다. 거대한 모습의 이정표는 섬을 무자비하게 집어삼킨 열대의 잡초를 말없이 굽어보고 있다.

나배사섬,
미국령 군소 제도
미국

나배사 등대

카리브해, 중앙아메리카
북위 18도 24분 01초 | 서경 75도 00분 39초

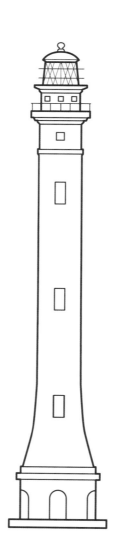

등탑 높이
49.3m

빛의 초점면

해수면은 이 페이지 이래

준공
1917년

최초 점등
1917년

자동화 개시
1929년

가동 중단
1996년

석조 기단 콘크리트탑

등탑 높이
49.3미터

초점면 높이
120미터

원래 렌즈
2차 프레넬 렌즈

나배사는 200년 전부터 영유권을
둘러싼 분쟁이 계속된 곳이다.
그곳은 미국이 구아노섬에 관한
법률을 내세워 차지한 첫 번째
섬이었지만, 공식적으로는
아이티가이미 1804년에 영유권을
주장한바 있다. 분쟁은 여전히
계속되고 있지만 섬을 실질적으로
통치하고 있는 것은 미국 어류 및
야생동물 관리국(U.S. Fish and
Wildlife Service)이다.

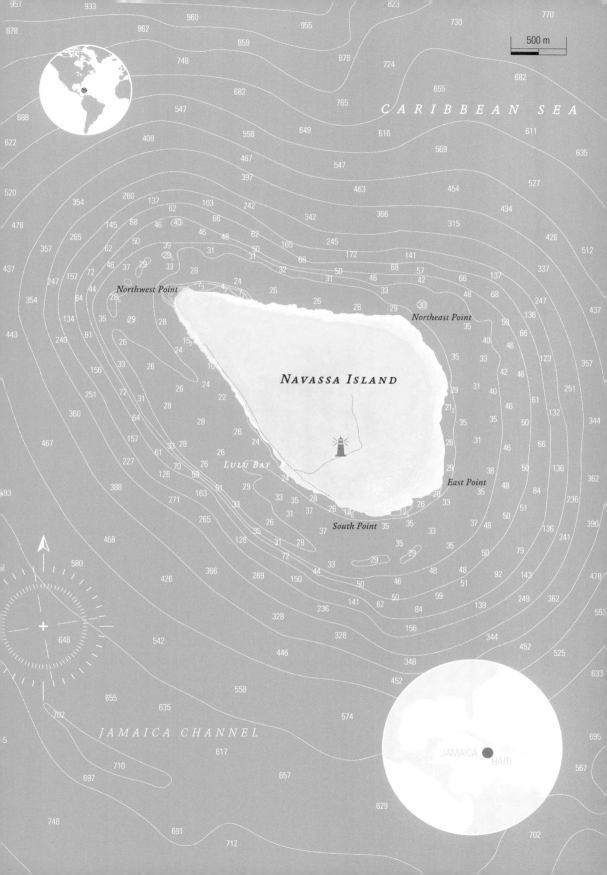

24 로벤섬 등대 Robben

넬슨 만델라는 로벤섬에서 보낸 시절을 회상하면서 여러 장의 그림을 그렸다. 그 스케치들은 기억 속에 남아 있는 장소—항구, 교회, 창문, 등대와 감옥—를 표현한 것이다.

바다표범들—네덜란드어로 로벤—의 섬은 2,000년 전에 바다로 떨어져 나온 아프리카의 땅덩어리다. 남아공의 유럽 식민지화 초기에 그 섬의 해안에서 선박 좌초 사고가 연이어 일어나자, 가장 높은 곳에 모닥불을 피워 배들이 돌아서 가도록 했다. 와인 생산과 모피 무역, 그리고 노예 무역을 추진한 장본인이자 케이프타운 행정관을 역임한 얀 판 리비크는 1657년 그곳에 남아프리카 최초의 등대를 세웠다. 그 등대는 얼마 가지 않아 폭풍우에 무너졌지만, 1864년 영국의 기술자 조지프 플랙이 세운 등대의 불빛은 지금도 바다를 비추고 있다.

등대와 섬, 그리고 감옥은 종종 어두운 그림자에 의해 하나로 연결되어 왔다. 네덜란드인들은 등대 부지일 뿐 아니라 원치 않는 시민들을 추방시키기에도 적합한 장소를 발견했다. 반식민지 운동의 지도자들 다수가 결국 그 섬에 뼈를 묻었다. 그 후 영국의 지배하에서는 교도소와 한센병 병원, 그리고 정신 병원이 섬에 들어섰다. 거의 100년에 이르는 세월 동안 섬에는 수백 명의 환자들이 수용되었으며, 교도소는 감방의 수를 늘리고 벽을 세워 경계를 강화했다.

등대지기들과 교도관들은 밀접한 관계를 맺었다. 등대지기와 그의 가족은 식량과 각종 물자를 보급받기 위해 교도소에 의존할 수밖에 없었기 때문이다. 섬에 갇혀 지내던 교도관들은 틈이 날 때마다 등대 아래에 와서 시간을 보내곤 했다. 그러다 보니 그들 중 상당수는 등대지기의 딸과 결혼했다.

만델라는 1964년 겨울 로벤섬에 도착한 이후, 18년 동안 4제곱미터의 좁은 감방 안에 갇혀 지냈다. 변기 대신 양동이에 일을 봐야 하는 환경 속에서 오전 6시부터 하루 내내 채석장에서 일을 하느라 거의 실명할 뻔했다. 일 년 동안 편지 2통과 30분짜리 면회만 허용되었다. 그가 다른 정치 활동가들과 함께 갇혀 있던 중범죄 교도소는, 남아공의 아파르트헤이트 시기 동안 무자비하게 자행된 차별과 억압의 가장 분명한 증거 중 하나다.

넬슨 만델라, 월터 시술루, 고반 음베키, 아메드 카트라다는 교도소 점멸등 불빛을 받으며 억압에 맞서 끝까지 투쟁하기로 뜻을 모았다. 자신들이 남아프리카 공화국의 미래를 이끌 영웅이 되리라는 것도 모른 채, 그곳에 갇혀 지도자로서의 능력을 키웠다.

로벤섬,
케이프타운
남아공

로벤섬 등대

대서양, 아프리카

남위 38도 48분 52초 | 동경 18도 22분 29초

시공 기술자
조지프 플랙

준공
1865년

최초 점등
1865년

현재 가동 중

원통형 조적식 석조탑

등탑 높이
18미터

초점면 높이
30미터

광달거리
24해리

등질
섬적등 7초 1점멸 섬광[Fl R 7s]
(지속 시간 5초)

로벤섬은 1999년 유네스코에 의해
세계 문화유산으로 지정되었다.
옛 교도소 자리에는 아파르트헤이트의
희생자들을 추모하는 박물관이
들어섰다. 과거 양심수 중 일부가
박물관에서 일하고 있는데, 그곳을
찾은 방문객들에게 자기 삶을
들려준다.

25 로셰오즈와조 등대 Rocher aux Oiseaux

조류학자 존 제임스 오듀본은 마들렌군도를 따라 30킬로미터를 항해했다. 이 군도의 점점이 흩어져 있는 섬들에서 해난 사고가 워낙 빈번하게 일어난 탓에 마을 이름을 조난자의 성에서 따오거나 난파선의 잔해로 주택을 만드는 일도 있었다. 오듀본의 시선은 불그스레한 바탕에 군데군데 허연 얼룩이 진 절벽 위, 홀로 솟은 암벽을 향했다. 그곳으로 가까이 다가가자 무수한 하얀 점들이 비상하면서 눈보라처럼 하늘을 가렸다. 수천 마리의 바닷새들이 로셰오즈와조—새들의 바위섬—에 온 그를 반갑게 맞이했다.

1870년에 등대가 처음 설치되었을 때, 당시 해양수산부 장관이던 피터 미첼은 다음과 같이 선언했다. "악명 높은 파도 탓에 캐나다에서 가장 접근하기 어려운 곳에 등대와 등대지기들을 위한 관사를 성공적으로 건설했다는 소식을 알리게 되어 기쁘게 생각합니다."

등대에 불이 켜지면서부터 불길한 징조가 나타났다. 첫 번째 등대지기는 바위섬에 내린 뒤 곧장 사직서를 제출하면서 이렇게 말했다. "그 누구도 불운한 일을 겪지 않고 10년이나 이 등대를 지킬 수는 없을 것이다." 시간이 흐르면서 불길한 징조는 하나둘씩 현실로 나타나기 시작했다. 연대순으로 정리하면 다음과 같다. 1872년, 등대지기 프레스턴은 몇 달간 혼자 일하던 끝에 구속복을 입고 등대를 떠났다. 1880년, 등대지기 피터 휘일런과 그의 아들은 등대에서 불과 몇 킬로미터 떨어지지 않은 곳에서 동사했다. 그들은 그 전날 바다표범을 사냥하러 나간 것으로 알려졌다. 조수였던 티비에르주는 기적적으로 살아남았다. 1881년, 등대지기 샤를 시아송은 안개 대포를 쏘다 허공으로 날아갔다. 그 사고로 그의 아들과 친구도 함께 사망했다. 1891년, 등대지기 텔레스포어 튀르비드는 그 대포를 만지다 한쪽 팔을 잃었다. 1897년, 등대지기 아르센 튀르비드는 케이프브레턴섬까지 얼어붙은 바다 위로 90킬로미터를 걸어갔다. 그는 사흘 전 두 남자와 함께 바다표범을 사냥하기 위해 등대를 나섰다. 하지만 보름 동안 사경을 헤매다 결국 세상을 떠났다. 그의 사촌 샤를과 조수 코르미에의 행방은 끝내 찾지 못했다. 1897년, 앞이 거의 보이지 않던 어느 날 밤, 조수 멜란슨은 비상 조명탄을 쏘다 중상을 입었다. 1911년, 등대지기 윌프리드 부르크는 엽총을 들고 오리 사냥을 하러 나갔다. 그는 몇 시간 후 싸늘한 주검이 되어 어느 무인도 옆에 떠올랐다. 1922년, 알뱅 부르크와 조수 두 명은 갑작스러운 병에 걸렸다. 알뱅은 병원으로 이송 도중 사망했고, 동료들은 목숨은 건졌지만 평생 후유증에 시달려야 했다. 조사 결과 물탱크가 새들의 배설물에 의해 오염된 사실이 밝혀졌다.

　　1955년, 등대지기 앨프리드 아스노트는 그 어떤 비극도 겪지 않고 12년 넘게 근무하다 행복하게 은퇴했다. 예언이 신경 쓰이지 않았냐는 질문에 그는 어깨만 으쓱할 뿐이었다.

로셰오즈와조,
마들렌섬,
퀘벡

캐나다

로셰오즈와조 등대

세인트로렌스만, 대서양, 북아메리카
북위 47도 50분 17초 | 서경 61도 08분 44초

공사 기간
1870~1887~1967년

최초 점등
1870년

자동화 개시
1987년

가동 중단
2011년

콘크리트 목조 탑

등탑 높이
15.2미터

초점면 높이
49미터

광달거리
21해리

자크 카르티에는 1535년
북서 항로를 찾아 세인트로렌스만을
항해하던 도중 황량하고 쓸쓸한
섬을 발견하고 '로셰오마르골
(Rocher aux Margaulx,
뱁새들의 바위섬)'이라는 이름을
붙였다고 한다.

등대 입구로 가려면 북쪽 절벽에
위치한 146개의 계단을 올라야 한다.

오늘날 이 바위섬은
철새 보호 구역이자 캐나다의
해양 보호 구역이다.

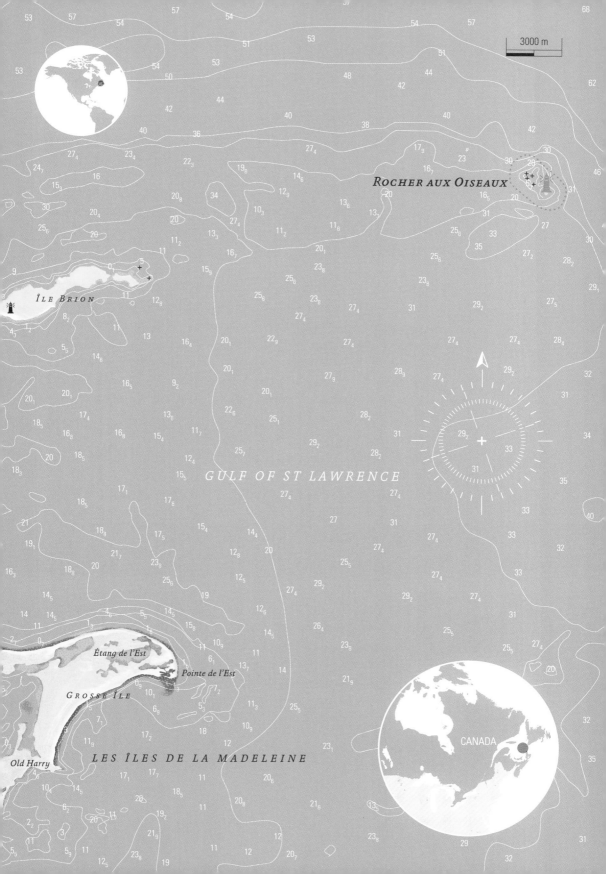

ROCHER AUX OISEAUX

ÎLE BRION

GULF OF ST LAWRENCE

Étang de l'Est

Pointe de l'Est

GROSSE ÎLE

Old Harry

LES ÎLES DE LA MADELEINE

CANADA

3000 m

26 루비에르크누데 등대 Rubjerg Knude

모래 언덕은 천천히, 그리고 워낙 조용히 움직여서 아무도 모르게 등탑을 집어삼킬 수 있다. 결국 등대는 손 한번 써 보지 못하고 황금빛 모래 아래 파묻혀 버린다. 한 사진 속에는 모래바람이 등대에 휘몰아치는 장면이 찍혀 있는데, 고대 이집트를 연상시킨다. 특이하게도 그곳의 등대는 물이 아니라 땅에게 포위되어 있다. 21세기 북유럽의 어느 나라에 이처럼 삭막한 풍경이 펼쳐져 있으리라고 생각하기 힘들 것이다.

그 사진이 찍히기 100년 전, 덴마크의 벤쉬셀튀섬 해안에(정확히 말하면 해변에서 200미터 떨어진 지점, 바다 위로 60미터 솟은 지점이다) 루비에르크누데 등대가 세워졌다.

바람과 파도가 해변의 모래를 내륙으로 밀어 올리는 동안 등대의 불빛은 배를 올바른 방향으로 안내해 주었다. 하지만 모래 언덕이 점점 더 커지면서, 그 그림자가 등대에 드리워졌다. 모래 언덕이 밀려오는 것을 막기 위해 목조 울타리를 세우고 주변에 풀과 덤불을 심었지만 모두 허사였다. 1968년, 모래 언덕은 등대의 불빛을 완전히 가리고 말았다. 그로부터 12년 후(등대는 가동이 중단된 상태였고 그곳은 관광지로 개발될 예정이었다) 그곳에 쌓여 있던 엄청난 양의 모래를 퍼낸 뒤 등대의 부속 건물에 박물관과 카페를 열었다. 자연의 힘에 맞서 개발된 관광 단지는 한동안 정상적으로 운영되다가 2002년에 결국 폐쇄되었다. 모래 언덕이 가차없이 밀려오면서 건물 대부분을 무너뜨렸기 때문이다. 가공할 만한 모래의 위력을 견뎌 낸 것은 등탑밖에 없었다. 등탑은 땅속에 묻힐 날만 기다리면서 그 자리에 20년을 더 서 있었다.

사나운 바다가 해변의 땅을 정복하기 위해 모래 언덕의 뒤를 이어 점점 다가오고 있었다. 등대 몇 미터 앞까지 바다가 밀려오면서 결국 붕괴될 조짐이 보이자, 등대는 해안에서 멀리 떨어진 곳으로 옮겨졌다.

루비에르크누데 등대는 복잡한 유압 장치를 이용해 레일을 따라 내륙으로 60미터 가량 옮겨졌다. 어렵고 복잡한 기술을 요하는 작업이었다. 등대 이전 작업은 수천 명의 사람들—관광객, 궁금해서 나와 본 이, 그리고 기자와 노동자—이 지켜보는 가운데 덴마크 방송국을 통해 전 세계로 실황 중계되었다. 미디어의 축복을 받으며 이룩한 그 쾌거는 홍보의 장이 되었다. 10주간의 계획. 620톤의 모래 제거 작업. 6시간 동안의 이전. 평균 시속 12미터. 덴마크 화폐로 500만 크로네 이상의 비용.

인간들의 엄청난 노력도 자연의 완강한 힘 앞에서는 무용지물에 불과했다. 늙은 루비에르크누데 등대가 기껏 40년 더 살 수 있도록 해 주었을 뿐이니까.

루비에르,
예링,
윌란반도
덴마크

루비에르크누데 등대

준공
1899년

최초 점등
1900년

가동 중단
1968년

사각형 조적식 석조탑

등탑 높이
23미터

초점면 높이
90미터

광달거리
18해리

등대에 처음 사용된 렌즈와
조명 시스템은 바르비에 에
베나르라는 프랑스 기업이
제작한 것이다.

2019년 10월 22일 등대 이전
작업을 총지휘한 사람은 석공 장인
키얼트 페더슨 프라 뢴스트랍이다.

루비에르크누데는 이제 더 이상
외딴곳이라고 할 수 없다.
매년 25만 명 이상의 관광객이
등대를 보기 위해 방문한다.

27 산후안데살바멘토 등대 San Juan de Salvamento

1
비글해협의 무인도에
위치한 등대.

아르헨티나 파타고니아의 여행사들은 세상 끝 등대를 방문하는 여행 상품을 광고한다. 하지만 배는 레스에클라이레우르스 등대[1]까지만 운행한다. 이곳에서도 비글해협 위로 펼쳐지는 그림 같은 풍경을 볼 수 있지만, 그보다 조금 더 멀리, 그러니까 티에라델푸에고섬의 경계를 넘어가면 진정한 절경을 즐길 수 있다. 쥘 베른은 그곳에 있는 자그마한 등대에서 영감을 얻어 자신의 마지막 소설 중 하나인『세상 끝의 등대』를 썼다. 놀랍게도 그 등대는 그가 살던 프랑스 도시 아미앵으로부터 만 3천 킬로미터 떨어진 곳에 있다.

2
'새해'라는 뜻이다.

1884년 로스에스타도스라는 무인도에 해안 경비대 지청과 군사 재판소, 그리고 구조대 연락 사무소가 설치되고, 아르헨티나 최초의 등대가 세워졌다. 산후안데살바멘토 등대는 사실 말이 등대지 높이 6미터짜리 허름한 목조 주택에 지나지 않았다. 종종 높은 구름이 섬을 뒤덮으며 등대를 가릴 땐 불빛이 희미해져서 그곳을 지나다니는 선박들도 시야를 제대로 확보하지 못했다. 아르헨티나 정부가 로스에스타도스보다 더 북쪽에 위치해 남위 지역의 혹독한 기후 조건에 영향을 덜 받는 옵세르바토리오섬에 아뇨누에보[2]라는 이름의 등대를 세우기로 한 것도 그런 이유 때문이었는지 모른다. 산후안데살바멘토 등대는 쥘 베른의 소설이 출간되기 3년 전인 1902년 10월까지 가동되었다.

3
'울부짖는 50도'라는
뜻으로, 남위 50도에서
사납게 불어오는 강풍을
의미한다.

신쿠엔타아우야도레스[3]로 인해 눈보라가 몰아치고 바다가 사납게 풀렁거리는 가운데, 보잘것없는 카약 한 척이 로스에스타도스섬 절벽 앞에서 표류하고 있었다. 프랑스의 탐험가 앙드레 브로네는 풍랑을 잠재워 달라고 기도하면서, 만약 이 폭풍에서 살아남는다면 언젠가 이곳으로 꼭 돌아오리라 다짐했다. 그로부터 2년이 지난 1995년, 그는 약속을 지켰다. 최소한의 생존 장비만 가지고 그 섬에서 몇 달을 혼자 지냈다. 그는 옛 등대의 폐허에 앉아 쥘 베른의 이야기에 푹 빠진 채, 자신의 꿈을 구체화시켜 나가기 시작했다. 그는 세상 끝 등대를 복원하겠다는 꿈을 품고 있었다.

오늘날 지구상에는 똑같은 세 등대가 서로 다른 곳에 존재하고 있다. 우선 로스에스타도스섬에 있는 등대는 1998년 브로네가 산후안곶—원래 등대가 있던 위치다—에 세운 것으로, 모든 자재를 프랑스에서 들여왔다. 두 번째 등대는 브로네의 고향인 로셸의 프랑스 대서양 앞바다에 기둥을 박고 그 위에 세웠다. 마지막으로, 우수아이아의 해양 박물관에 가면 원래 등대의 잔해와 함께 실물 크기로 만든 등대 모형을 볼 수 있다. 세상 끝 등대 모형에서 얼마 떨어지지 않은 곳에 유리 진열장이 하나 있는데, 그 안에 쥘 베른 소설의 초판본—전 세계에 남은 두 부 중 하나다—이 전시되어 있다.

로스에스타도스섬,
파타고니아

아르헨티나

산후안데살바멘토 등대

대서양, 남아메리카
남위 54도 43분 56초 | 서경 63도 51분 25초

준공
1884년

최초 점등
1884년

가동 중단
1902년

복원 공사
1998년

자동화 개시
1998년

현재 가동 중

팔각형 목조탑

등탑 높이
6.5미터

초점면 높이
70미터

등질
백섬광 15초 2섬광[Fl(2) W 15s]
(지속 시간 3초)

산후안데살바멘토 등대가 세워지기 10년 전, 아르헨티나 해군 함장 루이스 피에드라부에나는 조난 위험에 처한 선박들을 돕기 위해 인근 지역에 대피소를 세웠다. 그리고 146명의 인명을 구했다.

아르헨티나 최초의 종군기자 로베르토 호르헤파이로는 그의 저서 『아르헨티나 남쪽 바다』에서 로스에스타도스섬, 혹은 추아니신(Chuanisin, 파타고니아 원주민 말로 '풍요의 땅'이라는 뜻)을 자연이 만든 감옥이자 선박의 무덤이라고 표현했다.

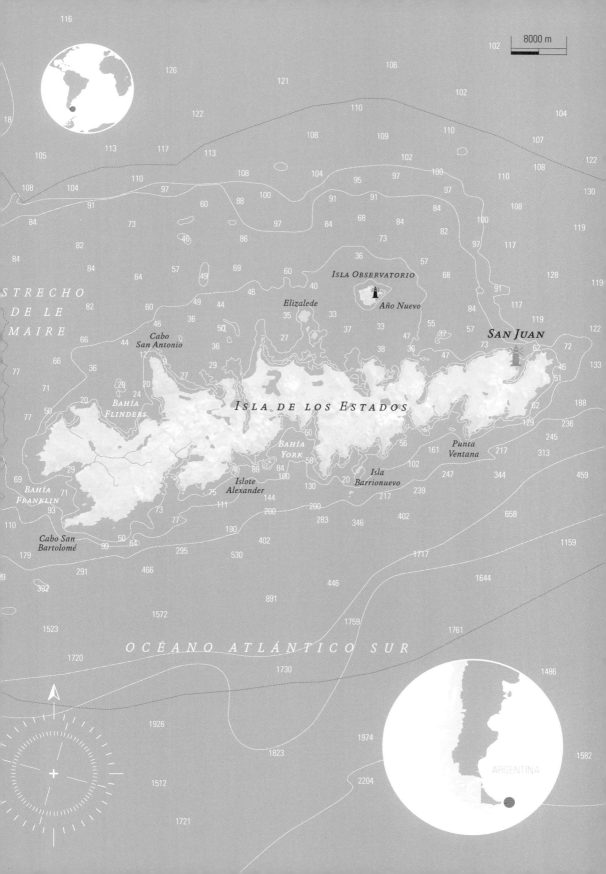

28   스몰스 등대 ^{Smalls}

구불구불하게 이어진 웨일스의 바다 위에 바이올린을 짜 맞추듯 섬세하게 만들어진 등대가 하나 서 있었다. 리버풀의 악기 제작자 헨리 화이트사이드는 바위섬 위에 떡갈나무 기둥 아홉 개를 세운 뒤 그 위에 등을 얹었다. 파도가 그 구조물을 통과해 30킬로미터 떨어진 해안에 도착할 때면 잠잠해지도록 만드는 게 목적이었다.

　　1777년, 공사가 마무리되어 갈 무렵 갑자기 몰아친 강풍에 헨리는 등대 안에 갇혀 오도가도 못하는 신세가 되고 말았다. 물도 비상식량도 거의 바닥나자, 그는 바이올린으로 음울한 선율을 연주하면서 유리병 세 개를 바다로 던졌다. 병 속에는 절박한 메시지가 담겨 있었다. "주여, 저는 지금 스몰스 바위섬 위에서 극도로 위험하고 불안한 상태에 빠져 있나이다. 하느님의 뜻에 따라 이 편지가 그곳에 닿으리라고 굳게 믿습니다. 아무쪼록 봄이 오기 전에 도움의 손길을 내미시어 당장 우리를 여기서 빼내 주소서. 우리 모두 여기서 죽을까 봐 두렵나이다…."

　　천만다행으로 병 한 개가 제때 발견된 덕분에, 비극적인 종말을 맞기 전 모두가 안전하게 구조되었다.

스몰스의 등대지기들은 이처럼 극도의 고립 상태에 빠져 있었다. 약 20년이 지나 또 다른 불행이 닥친 것이다. 1801년, 등탑 위에 구조 요청 깃발이 펄럭이고 있었지만, 넉 달 동안 계속된 폭풍우 때문에 누구도 그들을 도와줄 수 없었다. 해안에서는 등대지기의 가족들이 발을 동동 구르며 불안에 떨다가, 매일 밤 펨브로크셔 절벽으로 가서 수평선을 지켜보았다. 풍랑 경보 깃발이 높이 걸려 있지만, 등대의 불빛은 계속 빛나고 있었다.

　　등대 안에는 등대지기 토머스 그리피스와 토머스 하윌이 있었다. 이 두 사람 사이에 갈등이 있었다는 사실은 유명했다. 그 와중 그리피스는 분명하지 않은 이유로 세상을 떠났다. 하윌은 어떻게든 그를 도우려고 했지만 이러지도 저러지도 못하는 처지가 되고 말았다. 시체를 바다에 던져 버리면 살인죄로 기소될 가능성이 있었다. 고민 끝에 그는 임시로 관을 만들어 동료의 시신을 안치한 뒤, 방 한구석에 두기로 했다. 하윌은 구조선이 오기만을 기다리며 며칠 동안이나 고인과 같은 방에서 지냈다. 부패한 시신이 풍기는 악취 때문에 견딜 수 없게 되자, 하윌은 밧줄로 관을 묶어 밖에 꺼내 놓았다. 하필 강풍이 부는 상황이었고, 엉성하게 만든 나무관은 바람에 부서지고 말았다. 관 밖으로 그리피스의 몸이 반쯤 삐져나온 가운데, 밧줄에 대롱대롱 걸려 있었다. 시신의 손은 바람에 휘날리며 동료에게 인사하는 것만 같았다. 하윌은 그 끔찍한 장면을 볼 수가 없어 두 눈을 질끈 감아 버렸다.

　　악몽 같은 몇 주가 지나고서야 마침내 구조가 이루어졌다. 육지에 도착했을 때, 그의 심신은 너무 피폐해져 있어서 가까운 사람들조차 그를 알아보지 못했다. 전해지는 이야기에 의하면 그 후로 하윌은 평생 등대 근처에는 얼씬거리지도 않았다고 한다.

스콜스암,
말로스,
펨브룩셔,
웨일스

영국

스폴스 등대

켈트해, 대서양, 유럽

북위 51도 43분 16초 | 서경 05도 40분 11초

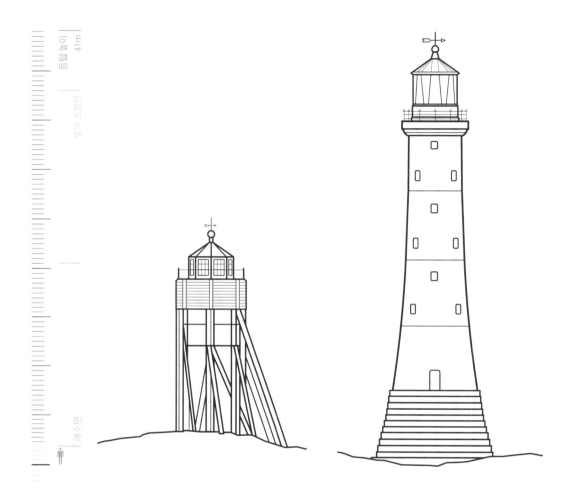

시공 기술자
헨리 화이트사이드(1776년)와
제임스 워커(1861년)

첫 번째 등대 완공
1776년

현 등대 완공
1861년

자동화 개시
1987년

현재 가동 중

원통형 석조탑

등탑 높이
41미터

초점면 높이
36미터

광달거리
18해리

등질
백섬광 15초 3섬광
[Fl(3) W 15s]

현 등대는 에디스톤 등대의 설계도를 기초로 하고 있다. 공사는 제임스 워커의 감독하에 이루어졌다. 1978년에는 등대 옥상에 헬리포트를 설치했고, 1987년에 조명 시스템이 자동화되었다.

스몰스 등대의 비극은 현대 영화에 많은 영감을 주었다. 크리스 크로우 감독의 〈라이트하우스〉(2016)는 실화에 기반한 영화다. 로버트 에거스 감독의 〈라이트하우스〉(2019)는 감독이 스몰스 등대의 비극에 관해 조사를 한 뒤 시나리오를 쓴 것으로 알려져 있다.

29 스태너드록 등대 Stannard Rock

북아메리카에서 가장 외로운 등대는 단 한 번도 바다를 만난 적이 없다. 그 등대는 9미터가 넘는 파도와 3미터 두께의 얼음, 그리고 등대지기의 몸을 밧줄로 묶지 않으면 날아가 버릴 정도로 강한 바람을 견뎌 왔다. 하지만 등대는 담수에만 불빛을 비추어 왔을 뿐이다.

슈피리어호(오스트리아와 면적이 비슷하다) 한복판에는 수중 산이 숨겨져 있다. 40킬로미터가 넘는 길이 중에서 수면 위로 드러난 것은 1미터에 불과하다. 1835년, 우연히 그 산을 발견한 찰스 스태너드 선장은 마치 유령을 본 사람처럼 온몸을 부르르 떨었다고 한다. 몇 년이 지나 통상 항로가 오대호 전체로 확대되면서 사고 예방을 위해 등대 불빛이 밝혀졌다. 값비싼 대가를 치르고 힘들게 얻어 낸 성과였다. 20년 넘게 논의와 검토를 반복하고 5년 넘게 공사를 한 끝에야 마침내 등대가 완성됐다.

스태너드록에서는 그곳만의 고유한 리듬에 따라 시간이 흐른다. 등대지기 에드워드 체임버스와 세 명의 조수들은 1904년 대통령 선거가 끝나고 5주 뒤에야 시어도어 루스벨트가 당선되었다는 소식을 들었다. 그해 겨울, 그들을 육지로 태워다 주기로 한 배는 얼음 때문에 한 달이나 늦게 도착했다. 배가 스태너드록에 도착했을 무렵, 비상식량도 바닥나 절망에 빠진 네 사람은 작은 보트를 타고 얼어붙은 호수로 자살 여행을 떠나려던 참이었다.

몇 년 후, 바위섬에 라디오 방송국이 설치되면서 등대지기들은 외로움과 향수를 다소나마 달랠 수 있었다. 단파 송신기는 바위섬과 호숫가에 위치한 마켓 등대를 이어 주는 말의 가교였다. 육지에 있는 마켓의 동료들은 외진 곳에서 일하는 등대지기들을 위해 아내의 편지나 해안 경비대의 전보, 그리고 가끔은 신문 기사를 읽어 주어 세상으로부터 멀어지지 않게 했다.

어느 날 일어난 비극적인 사건이 결국 스태너드록 등대의 미래를 결정짓고 말았다. 1961년 6월 18일 밤, 4천 리터의 휘발유와 프로판가스가 폭발을 일으키면서 등대의 창고가 대파되는 사고가 일어났다. 그때 위층에서 자고 있던 월터 스코비는 그 충격으로 침대에서 튕겨 나갔다. 오스카 다니엘─그 전날 막 도착한 정비사였다─은 어느 문짝 아래 깔리고 말았다. 리차드 혼은 구명보트가 떠내려가는 것을 보고 곧장 물에 뛰어들었으나 허사였다. 등대지기 윌리엄 맥스웰은 불행히도 현장에서 즉사했다. 쇄빙선 우드러시호는 사고 발생 사흘 뒤에야 간신히 현장에 도착했다. 짙은 연기 때문에 등탑에 접근할 수 없었지만, 캔버스 천 아래 웅크리고 있던 세 사람은 무사히 구조되었다. 그들은 선착장에서 케첩 한 병과 강낭콩 통조림 두 개로 버티면서 살아남았다.

등대는 복구되었지만 그 후로 아무도 스태너드록에 살지 않았다. 북아메리카에서 가장 외로운 등대는 점점 더 황량하고 쓸쓸한 곳으로 변해 갔다.

스태너드록,
슈피리어호,
마켓,
미시간주

미국

스태너드록 등대

슈피리어호, 북아메리카
북위 47도 11분 00초 | 서경 87도 13분 30초

등탑 높이 30m
빛의 초점면
해수면

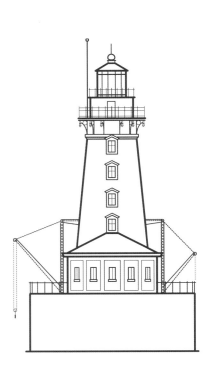

시공 기술자
올랜도 멧커프 포

공사 기간
1877~1883년

최초 점등
1883년

자동화 개시
1962년

현재 가동 중

석회석탑

등탑 높이
30미터

초점면 높이
31미터

광달거리
18해리

등질
백섬광 6초 1섬광[Fl W 6s]

스태너드록 등대에서
가장 오래 근무한 사람은
엘머 소뮤넨이다. 그는 1957년에
은퇴할 때까지 21년 동안
계속 조수로 일했다.

스태너드록에서 등대지기로
일하는 건 위험한 일이었지만,
좋은 점이 없지는 않았다.
송어 낚시로는 미국에서
스태너드록만한 곳이 없다.

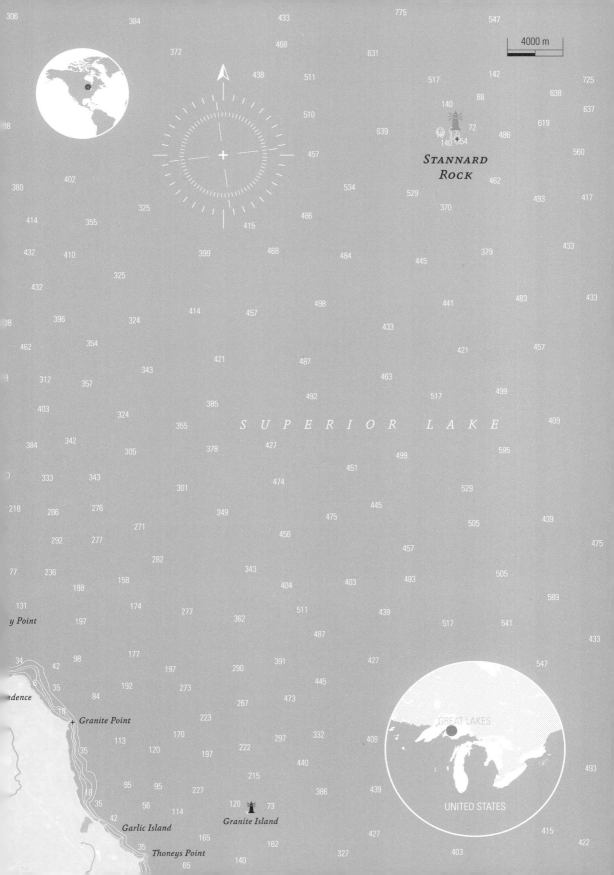

30 스티븐스섬 등대 Stephens

1
스코틀랜드 출신의
식물학자로 남극 대륙과
뉴질랜드, 북극과
북아메리카 등지를
탐험했다.

데이비드 라이얼[1]은 고독을 좋아했다. 어느 무인도의 등대지기로 임명되었다는 소식을 들었을 때 그는 흐뭇한 미소를 지었다. 사람의 발길이 거의 닿지 않은 작은 땅에서 새와 곤충, 그리고 식물의 종을 일일이 확인하는 자신의 모습이 떠올랐기 때문이었다. 젊어서부터 자연에 관심이 많던 그는 우연히 손에 들어온 자연사 책 몇 권 덕분에 본격적으로 연구에 심취하게 되었다.

스티븐스섬 또는 타카포우레와는 말버러 북쪽 끝에 우뚝 솟아 있다. 그곳은 해안에서 2킬로미터 정도밖에 떨어져 있지 않지만, 사람이 접근하기 어려운 덕분에 옛 모습을 그대로 간직하고 있다. 배들이 쿡해협의 거친 바다를 안전하게 지나다닐 수 있도록 그곳에 등대가 세워졌다. 당시 뉴질랜드에서 가장 높았으며 강한 불빛을 자랑하던 등대였다.

2
뉴질랜드굴뚝새.

3
뉴질랜드의 남섬 동부에
위치한 캔터베리 지방의
주요 도시.

라이얼은 아내와 아들을 데리고 등대에 정착했다. 그리고 티블스라는 이름의 고양이도 함께 왔는데, 그는 실제로 이 이야기의 주인공이기도 하다. 티블스는 당시 새끼를 밴 몸으로 섬을 마음대로 돌아다녔다. 그런데 등대로 돌아올 때마다 녀석은 처음 보는 새의 사체를 주인에게 물어다 주었다. 라이얼은 특이하게 생긴 새에게 관심을 갖기 시작했다. 박제 기술에 관해 아는 게 별로 없어서 간신히 몇 마리의 새를 견본으로 보존할 수 있었다. 그 새들이 무슨 종인지는 알 수 없었지만 왠지 중요한 발견이 이루어질 듯한 예감이 들었다. 그래서 뉴질랜드의 조류학자인 월터 불러에게 새 견본을 보냈다. 조사 결과, 라이얼이 보낸 새는 미기록종으로 밝혀졌다. 이 발견은 전 세계 조류학계의 비상한 관심을 끌어냈다. 영국의 유명 은행가이자 동물학자 라이어널 W. 로스차일드는 라이얼이 만든 견본들을 보내 달라고 요청했다. 약간의 논쟁이 있었지만, 로스차일드는 결국 그 새를 참새목 제니쿠스 라이얼리Xenicus Lyalli[2]라는 새로운 종으로 분류했다. 종에 대한 학문적 분류 작업이 이루어지는 동안, 섬에서는 그 새의 개체수가 점점 줄어들었다. 개체수가 십분의 일로 줄어든 이유는 늘어난 고양이들과 견본을 채취하려는 자연학자들의 활동 때문이라는 추측이 나오기 시작했다. 등대가 가동된 지 1년이 지날 무렵, 크라이스트처치[3]의 신문 『더 프레스』는 이렇게 주장했다. "그 새가 더 이상 섬에 살지 않는다고 믿을 만한 충분한 이유가 있다. 겉으로 보기엔 이미 멸종한 듯한데, 다른 지역에서 발견되는지 여부는 알려지지 않고 있다. 이는 모든 멸종 방식 중에서 가장 획기적인 것으로 보인다."

고양이 티블스가 오기 전까지는 그 땅을 밟은 육식 포유동물이 없었다. 1899년에 새로 부임한 등대지기는 100마리 이상의 야생 고양이를 포획했다. 하지만 그 섬에서 고양잇과 동물이 완전히 사라지기까지는 26년의 세월이 더 걸렸다. 어쩌면 라이얼은 스티븐스섬에서 그 새를 본 몇 안 되는 사람 중 하나일지도 모른다. 라이얼의 증언에 의하면, 그 새의 움직임은 새보다는 쥐에 더 가깝다고 했다. 제니쿠스 라이얼리는 새지만 날 수가 없었다.

타카포우레와
혹은 스티븐스섬,
말버러
뉴질랜드

스티븐스섬 등대

쿡해협, 태평양, 오세아니아
남위 40도 24분 00초 | 동경 174도 00분 00초

공사 기간
1891 ~ 1894년

최초 점등
1894년

자동화 개시
1989년

현재 가동 중

주철탑

등탑 높이
15미터

초점면 높이
183미터

광달거리
18해리

등질
백섬광 6초 1섬광[Fl W 6s]

스티븐스섬은 접근하기가 무척
어려워 물자를 공급할 때나
등대지기들이 근무를 교대할 때에는
크레인을 이용해야만 했다.
1989년, 등대가 자동화되면서
등대지기들이 모두 물러났고, 원래
있던 등은 원격으로 조종되는 회전
무선 항로 표지판으로 교체되었다.

오늘날 스티븐스섬에 서식하는
동물 중 가장 널리 알려진 것은
도마뱀 '투아타라'다. 멸종 위기에
처한 이 도마뱀이 안전하게 살 수
있도록 정부에서 관리하고 있다.

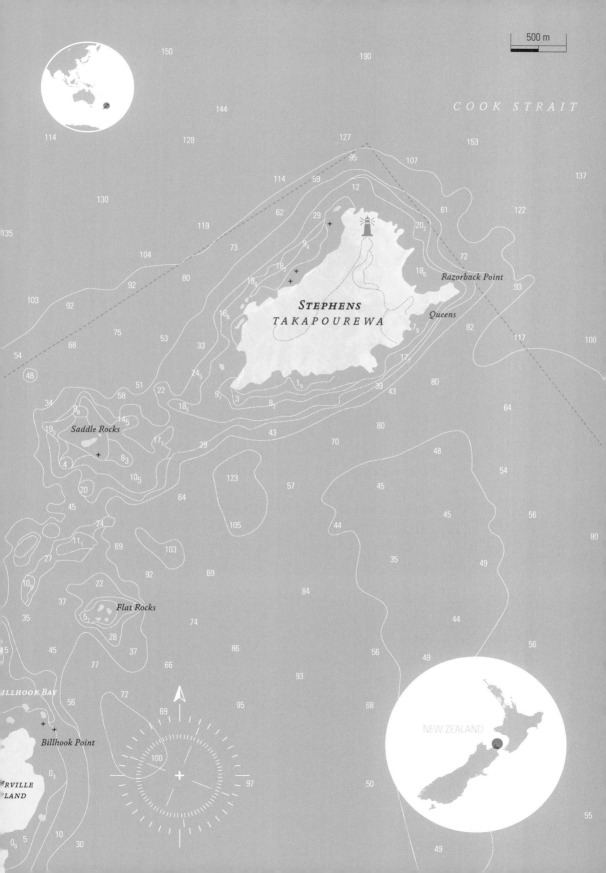

500 m

150   190

C O O K   S T R A I T

144   127   153

128   95   107

127

114   59   12

130   61   122

135   119   62   29   20₇

              73   9₄   72

104   18₆   Razorback Point

92   80   18₄   93

103   92   19₈   Stephens   Queens   117

54   75   16₈   TAKAPOUREWA   82   100

48   68   53   33   7₉

              51   24₆   17₇

34   58   22   18₅   1₅   39   80   64

9₈   14₅   9₇   3   8₂   43

19₇   Saddle Rocks   17₃   43   80   54

4   8₃   29   70   48

20   10₅   57   45   56

45   64   123   44   45   80

27   11₁   69   105   35   49

10₃   92   69   84   49

37   22   Flat Rocks   74   44   56

35   5₇   28   86   56   49

45   77   37   66   93   68

ILLHOOK Bay   72   95   50

              69   100   97   55

Billhook Point   97   49

RVILLE
LAND   0₃

0₆   10   30   49   55

31 습야토노스키 등대 Svyatonossky

1875년 차르 알렉산드르 2세에 의해 승인된 백해白海의 등대지기 선발 기준에 의하면, 등대지기는 북부 해안 지방의 척박한 환경을 충분히 숙지하고 있어야 하며, 유능하고 심신이 잘 단련되어 있고, 힘든 근무 조건을 견뎌 낼 수 있을 만큼 양호한 건강 상태와 활기를 갖추고 있는 사람이어야 한다. 또 의학 및 위생에 관한 기초적인 지식을 갖추고, 등대 안의 모든 장비를 능숙하게 다룰 줄 알아야 한다.

20세기 초, 등대지기 바그렌체프는 시력을 잃고 말았다. 처음에는 근무 일지를 쓰는 게 어려운 정도였지만, 점점 바렌츠해에서 콜라반도로 방향을 바꾸는 배들을 구별하기 힘들어졌다. 결국 그는 등불의 심지조차 알아보기 힘든 지경에 이르렀다. 하지만 바그렌체프는 강인한 사람이었다. 오랜 세월 동안 등대지기로 일해 왔기 때문에 등대 구석구석을 훤히 알고 있었다. 또 어려운 일을 할 때는 아내가 도와주었다. 그는 퇴직 신청은커녕 오히려 자리를 굳게 지키기로 마음먹고 백해의 등대 관리 책임자 바실리예프 대령에게 자신의 시력 장애를 보고했다. 탁월한 업무 능력을 근거로 바셀리예프 대령은 그에게 조수를 배정해 주었다.

바렌츠해는 북극해의 일부로 스발바르제도와 제믈랴프란차이오시파제도 등에 둘러싸여 있다. 콜라반도는 러시아 북부에 위치한 반도로 무르만스크주의 일부다.

그는 등대지기 생활을 잘해 나가고 있었다. 1913년 어느 날, 아무 예고도 없이 해군 소장 부흐티예프의 배가 티에르스키 해안에 도착했다. 이미 상트페테르부르크에 시각 장애인이 습야토노스키 등대를 책임지고 있다는 소문이 파다한 상태였다. 바그렌체프의 자리를 호시탐탐 노리던 이들은 때를 놓칠세라 수로국 본부에 투서를 보냈다. 맹인에게 등대를 맡겨서는 안 된다는 주장이었다. 부흐티예프 장군이 불시에 방문한 것도 그들의 주장이 타당한지 직접 확인하려는 목적이었다. 철저한 조사를 마친 뒤, 소장은 보고서에 다음과 같이 썼다. "비록 앞을 못 보는 상태이지만, 바그렌체프는 진지한 자세로 업무에 전념하고 있다. 뿐만 아니라 그는 등대 조명이나 회전 장치에 작은 이상만 생겨도 금세 탐지하는 비상한 능력과 능숙한 기술을 가지고 있다. 그의 아내와 기상 관측을 담당하는 조수의 도움이 있다면, 그는 등대와 관련된 모든 문제를 적절하게 처리할 수 있다. 오랜 세월 동안 헌신적으로 노력한 그에게 보상을 내리는 것이 마땅하다."

앞을 못 보는 등대지기는 러시아 혁명 발발 무렵까지 자신의 일을 묵묵히 해 나가다 아들에게 그 자리를 물려주었다. 안타깝게도 러시아의 마지막 황제 차르 니콜라이 2세는 백해의 등대에 신경 쓸 여유가 없었다.

습야토이노스반도,
무르만스크주

러시아

습야토노스키 등대

바렌츠해와 백해, 유럽

북위 68도 08분 01초 | 동경 39도 46분 02초

준공
1862년

최초 점등
1862년

자동화 개시
2002년

현재 가동 중

팔각형 목조 피라미드탑

등탑 높이
22미터

초점면 높이
94미터

광달거리
22해리

습야토노스키 등대가 완공된 후, 관리반장과 6명의 조수가 등대의 유지 임무를 부여받고 그곳으로 갔다. 하지만 북극권에 위치한 등대의 근무 환경은 상상을 초월했다. 겨울을 두 차례 보내는 동안 대부분이 괴혈병으로 세상을 떠나고 말았다.

그렇지만 마지막 등대지기 미하일 이바노비치 고르부노프는 1966년에 그곳에 부임한 후로 36년 동안 맡은 바 소임을 다했다.

32   틸라무크록 등대 Tillamook Rock

1879년 9월 18일, 배 한 척이 틸라무크 해안 절벽 근처 바위섬으로 접근했다. 절벽에서 2킬로미터 거리에 있는, 바다 괴물처럼 생긴 현무암 바위섬이었다. 배에는 포틀랜드의 석공이자 숙련된 등대 건설업자인 존 R. 트레와바스가 그의 조수—'체리'라는 별명을 가지고 있었다—와 함께 타고 있었다. 트레와바스는 섬을 조사하고 등대 부지를 물색할 예정이었다. 그러나 틸라무크록은 그렇게 호락호락하지 않았다. 그는 바위섬에 내리려다가 발이 미끄러지는 바람에 파도에 휩쓸리고 말았다. 그 즉시 체리가 바닷속으로 뛰어들었지만 구하지 못했다. 트레와바스의 시신은 끝내 발견되지 않았다.

그로부터 1년 전, 미국 의회는 해난 사고 다발 지역인 오리건주 북부 해안에서 배들이 안전하게 항해할 수 있도록 총 5만 달러의 예산을 들여 최고 수준의 등대를 건설하기로 결정했다. 실제론 그 두 배가 넘는 비용이 들 것이라고 누구도 예상하지 못했다.

등대 관리반장과 4명의 조수들이 틸라무크록 등대의 작동 및 유지 관리를 담당했다. 그들은 3개월 동안 등대에서 일한 뒤 육지로 돌아가 보름간의 휴가를 즐겼다. 하지만 좁은 공간에서 고립된 생활을 하는 데다, 잦은 폭풍과 늘 짙은 안개 때문에 심신은 나날이 피폐해져 갔다. 혹시 모를 사고를 예방하기 위해 근무 기간을 단축시켰지만, 근무자들 간의 관계는 극도로 악화되기 시작했다.

첫 번째 등대지기인 앨버트 로더는 넉 달을 버틴 끝에 결국 사직서를 제출했다. 몇몇 반장들은 조수들과 말도 섞기 싫어서 쪽지로 의사소통을 했다. 등대 관리인 비엘린은 음식에 유리를 빻아 넣어 반장을 죽이려 했다가 들통나는 바람에 쫓겨났다. 또 다른 조수는 극도의 신경과민과 잠재적인 정신 질환으로 인해 1906년 병원으로 후송되었다. 그때부터 틸라무크록 등대는 '무시무시한 틸리terrible Tilly'라는 이름으로 알려지게 되었다.

음파를 이용해 신호를 보내는 기술.

등대가 가동된 지 78년 만에 등대의 불빛이 꺼졌다. 등대는 사운드 비콘으로 대체되고, 바위섬은 개인 소유로 넘어갔다. 1980년 부동산 개발업자 미미 모리셋은 5만 달러—기이하게도 100년 전 등대 건설 예산과 같은 액수—에 이 섬을 사들여 먼바다에 지은 특이한 유골 안치소 '영생의 바다 납골당'으로 만들었다. 이 건설 프로젝트는 법적인 문제로 일시 보류된 상태지만, 등대 안에는 이미 모리셋 부모의 유골함을 포함해서 모두 30구가 안치되어 있다. 어쩌면 트레와바스의 유해도 바위섬 깊은 곳 어딘가에 누워 있을지도 모른다.

틸라무크록,
클랫솝,
오리건주
미국

틸라무크록 등대

태평양, 북아메리카
북위 45도 56분 15초 | 서경 124도 01분 08초

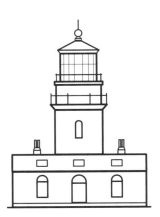

준공
1880년

최초 점등
1881년

가동 중단
1957년

현무암 벽돌 철제 석조 탑

등탑 높이
19미터

초점면 높이
41미터

광달거리
18해리

원래 렌즈
1차 프레넬 렌즈

등대가 가동되기 며칠 전, 짙은
안개 속에서 길을 잃은 루파시아호가
강한 바람 때문에 해안으로 떠밀려
가고 있었다. 선원들의 고함 소리를
들은 등대지기들은 서둘러 등불로
신호를 보냈다. 그런 노력에도
불구하고, 다음 날 아침 루파시아호
선원들의 시신이 틸라무크헤드
(오리건주 북서부 태평양에 면해
있는 높은 곳) 해변에서 발견되었다.
생존자는 해변까지 헤엄쳐 온 개
한 마리밖에 없었다.

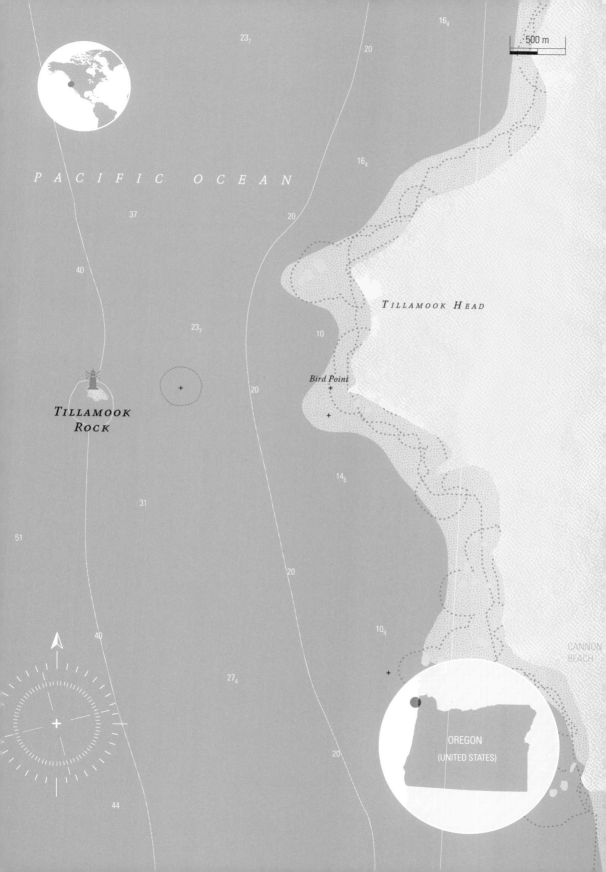

PACIFIC OCEAN

TILLAMOOK HEAD

Bird Point

TILLAMOOK
ROCK

CANNON
BEACH

OREGON
(UNITED STATES)

500 m

23₇

20

16₄

16₄

20

37

40

23₇

20

10

31

14₆

51

20

10₉

40

27₄

20

44

33 비엘 등대 la Vieille

1
프랑스 북서부 브르타뉴에서 대서양으로 뻗어 있는 곳.

두 명의 코르시카 상이군인 만돌리니와 페라치는 푸앵트뒤라곳 앞의 고를벨라—브르타뉴어로 '가장 멀리 떨어진 바위'라는 뜻이다—암에 자리 잡은 비엘 등대의 조수로 발령받았다.

만돌리니는 폐에 구멍이 난 데다 한쪽 팔의 움직임이 둔해진 상태라 바다를 무서워했다. 한편 페라치는 총알이 몸속에 박힌 채 살던 터라 등탑 꼭대기까지 120개의 계단을 올라가기도 벅찼다. 그들은 외딴 등대의 고된 근무 환경을 견디기 어렵다는 것을 깨닫고 다른 곳으로 보내 달라고 사정했다. 진단서에 의해 사유가 분명하게 입증되었음에도 불구하고 그들의 거듭된 요청은 끝내 묵살당했다.

제1차 세계대전이 끝난 후, 프랑스 정부는 수많은 상이군인들을 사회로 복귀시키고자 취업 장려 정책을 폈다. 1924년에 제정된 법률에는 이러한 목적을 위해 지정된 일자리를 명시해 놓았다. 공원 경비원, 우편배달부, 박물관 경비원 등이 이에 속했다. 정부는 목록에 등대지기도 포함시켰는데, 비교적 편하게 할 수 있는 일이라고 생각한 모양이었다.

1925년 12월, 관리반장이 휴가를 가는 바람에 등대에는 코르시카인 조수 두 명만 남게 되었다. 하필 그때 프랑스 해안에 장기간 이어진 강한 폭풍이 찾아왔다. 몇 주간의 고립 끝에 비상식량도 다 떨어졌다. 지칠 대로 지친 만돌리니와 페라치는 구조를 요청하는 검은 깃발을 올렸다. 하지만 구조선은 오지 않았다. 파도가 너무 심해서 어떤 배도 등대 가까이 올 수 없었다.

2
안개가 끼어 시계가 불량할 때 선박간 충돌을 방지하기 위해 올리는 고동.

3
브르타뉴 서쪽 앞바다 상섬에 있는 등대.

1926년 2월 19일 새벽, 범선 서프라이즈호가 플로고프 주변 암초에 부딪혀 좌초되었다. 이 사고로 8명의 승무원이 목숨을 잃었다. 사고 당일 밤, 비엘 등대의 불빛은 꺼져 있었고 무적霧笛도 울리지 않았다. 등대 꼭대기에는 검은색 깃발이 계속 펄럭이고 있었다.

일주일이 지난 뒤, 그 지역의 어부 클레 코케는 자기 배를 몰고 등대 인근으로 갔다. 그의 아들인 피에르와 니콜라 케르니뇽—아르멘 등대의 관리인이었다—은 몸에 밧줄을 묶은 채 대서양의 거친 물살을 헤치고 나가 바위섬에 도착했다. 그리고 거기서 두 명의 등대지기들을 발견했다. 두 명의 코르시카인은 목숨만 붙어 있을 뿐, '악마처럼 시커멓고 말 그대로 거지꼴'이었다.

한 신문이 「지옥에서 보낸 두 명의 상이군인」이라는 제목으로 이 사건을 대서특필하자, 정부가 참전 용사를 위해 특별히 지정해 놓은 취업 목록에서 등대지기란 직업은 감쪽같이 사라졌다.

고를벨라암,
푸앵트뒤라,
플로고프,
피니스테르
프랑스

비엘 등대

이루아즈해, 대서양, 유럽
북위 48도 02분 26초 | 서경 04도 45분 23초

등탑 높이
26.9m

초점면

해수면

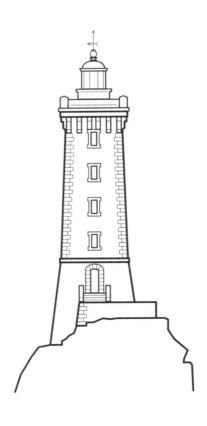

공사 기간
1882~1887년

최초 점등
1887년

자동화 개시
1995년

현재 가동 중

화강암탑

등탑 높이
26.9미터

초점면 높이
33.9미터

광달거리
15해리

등질
섬백적녹광 12초 3개 조명 중
2개 소등, 그리고 1개 소등

이루아즈해의 다른 외딴 등대들
(쥐망 등대, 아르멘 등대, 케레옹
등대)과 마찬가지로, 등대지기들이
근무 교대할 때와 보급품을
공급할 때, '카르타위'라고 하는
케이블 도르래 장치를 이용한다.
등대지기들은 의자에 몸을 단단히
묶은 뒤 케이블에 매달려 배에서
바위섬으로, 바위섬에서 배로
곡예하듯 날아서 이동하곤 했다.
배가 바위섬에 근접해 있기 때문에
특히나 위험했다. 따라서 작업을
하는 데에는 항해사와 등대지기의
능숙한 기술이 요구되었다.

34 웬웨이조우 등대 Wenwei Zhou

19세기가 도래하기 전만 해도 중국의 차는 대영 제국에서 인기 상품이었다. 청 왕조와의 우호적인 관계는 곧 위기를 맞이하게 된다. 양국의 대립과 충돌은 결국 제1차 아편 전쟁으로 이어졌다. 1842년, 전쟁에서 패배한 중국은 영국에게 홍콩을 할양했다.

홍콩 남쪽으로, 마치 초록색 물감을 풀어놓은 듯한 남중국해 위에 완샨군도가 펼쳐져 있다. 만 개의 작은 섬으로 이루어져 있어 무한하고 불가사의한 느낌마저 준다. 1850년경, 근방에 해상 교통이 증가하자 등대의 필요성이 제기되었고 영국은 청에 속하는 섬에 설치해야 함을 직감했다. 양국 정부는 여러 섬에 나뉘어 설치될 등대의 건설과 관리 문제를 놓고 협상을 시작했다. 서로 만족할 만한 결론에 이르지 못했고, 결국은 홍콩의 통상적인 관례에 따르기로 했다. 등대 관리인들은 대부분 유라시아 혼혈로, 영국인 아버지와 중국인 어머니 사이에서 태어난 아들이었다. 이는 정부 정책과 무관하게 등대지기들이 자부심을 갖는 전통으로 자리 잡았다.

계급4. 계급5. 계급6. 이는 해안에서 80킬로미터 떨어진 어떤 바위섬에 불어닥치는 바람 세기를 측정한 수치다.[1] 완샨군도 지도를 보면 마치 바다 위에 내려앉은 모기 꼬리처럼 생긴 가파른 바위섬이 있다. 이 작은 바위섬을 중국인들은 웬웨이조우[2], 영국인들은 갭록Gap Rock이라고 부른다.

바위섬에서 가장 높은 곳인 남쪽에 성처럼 생긴 등대가 세워졌다. 1892년, 아시아의 바다를 환하게 밝히기 위해 스칸디나비아의 등대 조명은 스위스를 출발했다. 건설업자들의 눈에 그 등탑은 난공불락의 요새처럼 보였다. 하지만 얼마 지나지 않아 그 지역을 강타한 태풍으로 인해 등대는 심한 손상을 입었다. 당국은 피해 정도를 조사하기 위해 섬으로 갔지만, 웬웨이조우에는 항구도 없고 접근조차 어려웠기에 결국 조사단은 파도에 휩쓸려 물에 빠지고 말았다. 어렵게 수리를 마쳤을 때, 어떤 이는 등대가 적절한 장소에 세워지지 않았다는 점을 깨달았다. 바위섬의 북쪽에 등대를 세웠다면 어떤 폭풍이든 충분히 견딜 수 있었을지도 몰랐다.

폭풍우도 꺼뜨리지 못한 등대의 불빛은 전쟁 앞에서 무릎을 꿇고 말았다. 등탑 벽에 남아 있는 흔적들은 중국 내전(1927~1949) 당시 웬웨이조우에서 벌어진 치열한 전투를 짐작케 한다. 전쟁이 끝난 이후에도 등대는 40년이 넘게 잠들어 있다가 1980년대에 복구되었다. 지금은 자동화된 조명이 중국 남부의 작은 '모기섬'을 항해하는 선박들에게 신호를 보내고 있다.

[1]
주로 해상의 풍랑상태를 기초로 만든 풍력계급으로, 영국의 해군 제독이자 수로학자인 프랜시스 보퍼트가 만들었다. 보통은 13단계의 풍력계급이 이용된다.

[2]
'모기 꼬리의 땅'이라는 뜻이다.

웬웨이조우 혹은 갭록,
완산군도,
홍콩
중국

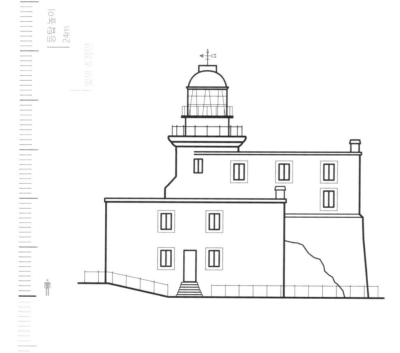

등탑 높이
24m

공사 기간
1890~1892년

최초 점등
1892년

가동 중단
1927~1949년

자동화 개시 및 재가동
1986년

현재 가동 중

벽돌과 시멘트 탑

등탑 높이
24미터

초점면 높이
45미터

광달거리
20해리

원래 렌즈
1차 프레넬 렌즈

중국 주하이의 어떤 여행사는
웬웨이조우 등대를 관광지로
개발하려 했다. 소규모 그룹이
배를 타고 가서 웬웨이조우섬에서
하루를 보내는 여행 상품을
기획한 것이다. 투어 프로그램을
성사시키기 위해 여러 차례
시도했지만 모종의 이유로
그 계획은 실현되지 못했다.

외딴 등대에서
헌신했던 분들과
그들의 이야기를
수집하고 알리는 데
이바지한 분들께
이 책을 바칩니다.

찾아보기

옮긴이 엄지영

한국외국어대학교 스페인어과를 졸업하고 동 대학원과 스페인 콤플루텐세 대학교에서 라틴아메리카 소설을 전공했다. 옮긴 책으로 마리아나 엔리케스의 『침대에서 담배를 피우는 것은 위험하다』『우리가 불 속에서 잃어버린 것들』을 비롯해, 오라시오 키로가의 『사랑 광기 그리고 죽음의 이야기』, 카를로스 루이스 사폰의 『영혼의 미로』, 마리오 바르가스 요사의 『까떼드랄 주점에서의 대화』, 루이스 세풀베다의 『역사의 끝까지』, 돌로레스 레돈도의 『테베의 태양』, 페데리코 가르시아 로르카의 『인상과 풍경』, 마세도니오 페르난데스의 『계속되는 무』 등이 있다.

바다 위 낭만적인 보호자

세상 끝 등대

초판 1쇄 인쇄 2023년 2월 1일
초판 1쇄 발행 2023년 3월 1일

지은이 곤살레스 마시아스
옮긴이 엄지영
펴낸이 정은선

펴낸곳 (주)오렌지디
출판등록 제 2020-000013호
주소 서울특별시 강남구 선릉로 428
전화 02-6196-0380
팩스 02-6499-0323

ISBN 979-11-92674-26-1 03980

www.oranged.co.kr